Irmãos Campana

cartas a um jovem

designer

Do manual à indústria,
a transfusão dos Campana

Irmãos Campana

cartas a um jovem

designer

Do manual à indústria,
a transfusão dos Campana

Com a colaboração de
Adélia Borges

ELSEVIER

CAMPUS

Copidesque: Ivone Teixeira
Editoração Eletrônica: Estúdio Castellani
Revisão Gráfica: Carolina Menegassi Leocadio e Patrícia Helena Martinho Calhau
Foto de Capa: Fernando Laszlo

Elsevier Editora Ltda.
A Qualidade da Informação.
Rua Sete de Setembro, 111 – 16º andar
20050-006 Rio de Janeiro RJ Brasil
Telefone: (21) 3970-9300 FAX: (21) 2507-1991
E-mail: *info@elsevier.com.br*
Escritório São Paulo:
Rua Quintana, 753/8º andar
04569-011 Brooklin São Paulo SP
Tel.: (11) 5105-8555

ISBN 978-85-352-2805-2

Nota: Muito zelo e técnica foram empregados na edição desta obra. No entanto, podem ocorrer erros de digitação, impressão ou dúvida conceitual. Em qualquer das hipóteses, solicitamos a comunicação à nossa Central de Relacionamento, para que possamos esclarecer ou encaminhar a questão.

Nem a editora nem o autor assumem qualquer responsabilidade por eventuais danos ou perdas a pessoas ou bens, originados do uso desta publicação.

Central de Relacionamento
Tel: 0800-0265340
Rua Sete de Setembro, 111, 16º andar – Centro – Rio de Janeiro – RJ – CEP.: 20050-006
e-mail: *info@elsevier.com.br*
site: *www.elsevier.com.br*

CIP-Brasil. Catalogação-na-fonte.
Sindicato Nacional dos Editores de Livros, RJ

C194c Campana, Humberto, 1953-
Cartas a um jovem designer : do manual à indústria, a transfusão dos Campana / Irmãos Campana. – Rio de Janeiro : Elsevier, 2009.
il. – (Cartas a um jovem...)

ISBN 978-85-352-2805-2

1. Campana, Humberto, 1953-. 2. Campana, Fernando, 1961-. 3. Desenho (Projetos) – Brasil. 4. Desenho industrial – Brasil. 5. Desenhistas industriais – Brasil – Biografia. I. Campana, Fernando, 1961-. II. Título. III. Série.

09-0691. CDD: 927.4544
CDU: 929:745

SUMÁRIO

1. PERSISTÊNCIA

Se tivéssemos que dar apenas um conselho a alguém que quer ser designer, seria este: não importa de onde você veio, de que classe social é, do que gosta ou não, o mais importante é escolher um caminho e persistir nele, com disposição para enfrentar maus momentos, contratempos, dificuldades de toda ordem. Não dá para ficar esperando alguém vir e resolver os seus problemas, apontar-lhe um rumo, pois na vida somos nós mesmos que temos de ir à luta para criar as nossas próprias possibilidades.

É importante desde o início procurar seguir sua essência, mesmo que naquele momento ela não se amolde ao pensamento vigente ou ao mercado. O mundo é muito dinâmico, está em constante mutação, e coisas que não têm ressonância hoje podem ter amanhã.

Cada um tem sua história pessoal, e é ela que se reflete em um trabalho, dando-lhe originalidade. Não existe uma história melhor do que outra, mas apenas caminhos. O nosso, desde o início, tem a ver com tentar olhar o Brasil como a arquiteta italiana Lina Bo Bardi fazia; aquele olhar de potencializar o nosso país com orgulho – não um Brasil caricato, mas aquele do nosso dia-a-dia. Essa linha de trabalho prossegue até hoje: fazemos uma espécie de fotografia do que nos rodeia e tentamos traduzir isso de forma contemporânea em nossas criações, isto é, com o desejo de expressarmos por meio delas o tempo em que vivemos.

Temos horror a regras, catecismos ou receitas. Então, não espere encontrar aqui um manual de como se comportar ou do que fazer. Preferimos contar nosso percurso para, por meio dele, transmitir a você algumas reflexões que foram surgindo ao longo do caminho e que, esperamos, possam ser úteis para você inventar sua própria história.

2. NOSSAS RAÍZES

Nossa estrada tem tudo a ver com nossa origem. Tivemos uma infância muito privilegiada, no interior do estado de São Paulo, em Brotas, a 250 quilômetros da capital. Eu, Humberto, nasci no dia 17 de março de 1953, em Rio Claro, porque lá é que havia a maternidade mais próxima. Eu, Fernando, nasci em 19 de maio de 1961, em Brotas. Nossos pais, Alberto e Célia, eram funcionários públicos – ele, engenheiro agrônomo, e ela, professora primária, bem classe média.

Morávamos num casarão com porão de chão de terra batida, numa rua em que havia várias casas de outras pessoas da família. Os quintais eram grandes e cortados por riachos, davam para o mato, e dali o acesso era fácil para os rios cheios de corredeiras e os campos com tamanduás, lobos, emas. Nas férias, os primos vinham de outras cidades. Descíamos os rios juntos, improvisávamos com boias de caminhão ou pedaços de tábuas para fazer *rafting*, subíamos as cachoeiras na mão mesmo – era maravilhoso. Há alguns anos Brotas se fortaleceu em razão do turismo ligado a esportes radicais, mas eles são feitos agora com tantos aparatos que a graça se perdeu!

Naquele momento, a economia local dependia da agricultura. Como engenheiro agrônomo, o trabalho de nosso pai era andar pelas fazendas da região para ajudar nas plantações, sobretudo de café. Muitas vezes ele nos levava junto. O município é muito grande, e íamos também para São Carlos, Torrinha, São Pedro, Itirapina, Jaú, Dois Córregos, Dourado... Ele trabalhou no Censo de 1970, e nós o ajudávamos, íamos de casa em casa nas fazendas. Conhecemos as pessoas, as cachoeiras, tudo. Ele gostava muito de plantas. Durante toda a vida, espalhou árvores pela cidade. Hoje, quando chegamos a Brotas e vemos os ipês floridos na praça, sentimos sua presença nessas árvores.

A família paterna tinha vindo das regiões de Ferrara e Lucca, na Itália, e morava em Jaú, cidade que para nós era a metrópole, com seus casarões imponentes. Nosso avô tinha uma loja de ferragens chamada Irmãos Campana. Eu,

Humberto, gostava de ir lá e ficar mexendo na loja inteira; pegava encondido massa de modelar, vidro, correntes, parafusos; aqueles materiais me fascinavam. A casa de nossos avós tinha uma parreira, e a mesa de refeições ficava embaixo dela, ao lado de uma jabuticabeira. Era muito bom almoçar lá.

A família materna, de sobrenome Piva, era italiana de Rovigo, na região do Vêneto, por parte de nosso avô, e a outra metade misturava origem portuguesa e indígena. Nossa avó Laura nos marcou muito. Ela era muito forte. Ficou viúva cedo e tomou conta dos filhos sozinha. Aos poucos morreram seis dos seus oito filhos, ficando só nossa mãe e duas tias, e ela passou a cuidar também dos netos.

Tudo o que vó Laura fazia era orgânico: criava porco, matava, fazia linguiça, fazia sabão em casa; transformava lata de biscoito em caneca, em vaso para plantas, em recipiente para guardar mantimentos. Não jogava nada fora; no final da vida tinha pilhas enormes de sacos de supermercado. Ela economizava tudo e ao mesmo tempo tinha um coração muito generoso: apareciam gatos, ela criava; apareciam mendigos, trazia para dentro de casa e alimentava. O quintal de sua casa, em Brotas, era muito grande, e havia uma siriema que entrava e ficava comendo caracol e lesmas – era mágico ver aquilo. E plantava de tudo, de nogueira a noz-pecã. Até hoje nos lembramos dos pés de morango que davam o ano todo...

Nossa mãe teve uma educação em colégio de freiras, muito controlada e católica. No entanto, ela tem uma vertente supermoderna, de inconformismo com as regras, de ideias que escapam dos moldes rígidos de sua criação, momentos de loucura no sentido de libertação daquele cotidiano controlado do interior. Ela adorava ouvir Nat King Cole na radiovitrola de casa; era fã das estrelas de Hollywood – Lana Turner, Rita Hayworth. Num depoimento para um livro da Cris Ramalho sobre mães, eu, Humberto, a comparei a Elizabeth Taylor, com quem, aliás, se parecia muito na juventude. Tinha o mesmo estilo de *Gata em teto de zinco quente*. Já eu, Fernando, a vejo mais como Julie Andrews. Ela tem algo de noviça rebelde. Lembro-me até hoje de irmos a um show da Jovem Guarda em Brotas; ela também gostava da Martinha, da Vanderléia.

Vários ex-alunos dela nos dizem lembrar até hoje de suas lições de vida, de conduta, de ética, para muito além da alfabetização ou dos limites do currículo. Ela tem um olhar muito penetrante e um discernimento firme sobre o que é bom e o que é ruim. Por humildade, para não parecer arrogante ou esnobe, ou até para não entrar em contato com algo ruim, às vezes se furta de fazer um comentário.

No entanto, sempre teve suas opiniões, sua postura crítica. Quando quer, é avassaladora. Só pelo olhar, ela, que é de Escorpião, pode fulminar as pessoas. Ao mesmo tempo, tem uma sensibilidade à flor da pele e nos ensinou a prestar atenção na beleza que existe ao nosso redor, a apreciar a sutileza das coisas. Não se preocupava em ser a dona de casa ideal, até porque se dedicava muito a seus alunos – então essa permissão ao caos que está em nosso trabalho vem também desse período. E tinha outras "modernidades" para uma mulher do interior, como fumar.

Jaú para nós era a sofisticação, a metrópole, o tom europeu. Muito tempo depois reconhecemos que vivíamos lá a cultura italiana. Cada nacionalidade tem sua cultura e seus hábitos. O italiano gosta de cuidar do jardim, da horta, sabe construir o bem-estar à sua volta, sabe o significado de conviver com a poesia no dia-a-dia. Gosta de comer fora, de comer bem. Não faça reunião com um italiano antes do almoço, pois não dá certo. Fale em boa comida e em um bom vinho com ele, e isso já muda o tom da conversa, da negociação. Além disso, ele não é de mandar outro fazer, ele mesmo faz. Essas características foram muito importantes no final da década de 1940, quando o país saiu arrasado da Segunda Guerra Mundial e ressurgiu com o design, valorizando a tradição do artesanato e unindo-o à tecnologia e à indústria, com essa noção de bom gosto e bem-estar que já vinha de muito antes.

Brotas era mais voltada para a cultura caipira, para o campo. Foi muito importante para nós o convívio com Alice, que trabalhava em casa e foi, na prática, uma segunda mãe, aquela pessoa que dá broncas, limites, controla tudo. Adorávamos passar o fim de semana no antigo quilombo em que ela morava. Ali entramos em contato com a cultura negra, que é muito generosa e afetiva. A casa era muito gostosa, perto de um rio, e seus moradores se transformaram numa segunda família para nós. Ali entramos em contato também com as crenças do folclore brasileiro – a mula-sem-cabeça, a assombração, o saci-pererê, o curupira. Alice entrou em nossa casa aos 14 anos de idade, quando nossos pais se casaram. Depois de um tempo fora, voltou quando nosso pai morreu. Foi uma atitude muito generosa.

Ao mesmo tempo em que estávamos imersos na cultura caipira de Brotas, havia uma janela para o mundo. Estudamos sempre em escola pública. A qualidade do ensino era muito boa, as pessoas se espantam com o francês que aprendemos na escola. Apesar de não terem um olhar sofisticado nem recursos sobrando, nossos pais nos deram uma bagagem cultural incrível. Eles se privavam de algumas coisas e gastavam em outras, tinham uma curiosidade intelectual forte, um interesse pela novidade.

Em casa, havia assinatura dos dois jornais mais importantes, o *Estado de São Paulo* e a *Folha de São Paulo*, e de revistas como *Life*, *Seleções*, *National Geographic*. Vínhamos a São Paulo com frequência. Ficávamos no Hotel Normandie, no centro, e nosso pai fazia questão de subir no Edifício Itália, ir ao Ibirapuera e ao Planetário. Na Avenida São João havia o Cine Espacial e, logo em frente, o Cinerama, onde assistimos a *As sete maravilhas do mundo* e *2001, uma odisséia no espaço*. Algumas lojas eram o suprassumo do chique, como a Clipper e o Mappin, com suas vitrines fantásticas. No Natal, vínhamos comprar presentes; escolhíamos maravilhados os carrinhos a pilha, robôs, *sputniks*. Lembrávamos também de ir ao restaurante La Casserole, no Largo do Arouche, e nos encantávamos com a comida, o serviço e o ambiente. A dimensão do prazer sempre esteve presente, como ir a São Paulo para frequentar o Playcenter recém-aberto.

Na década de 1960, toda a família foi de Fusca conhecer Brasília. Falava-se muito do país do futuro, da arquitetura de Oscar Niemeyer, e havia uma esperança no ar de que o país ia dar certo. Nosso pai nos levava ao Rio de Janeiro também – ele tinha estudado na Escola de Agronomia da Urca. O amálgama de metrópole, de capital da República, com essa natureza fantástica, os morros, a mata, a praia, nos deixou fascinados. Até hoje eu, Humberto, tenho paixão pelo Rio. É lá que eu realmente fico relaxado, me desprendo de tudo e consigo ser eu mesmo, sem pensar em trabalho. Acho que tem a ver com essas viagens.

Outra janela para o mundo era o cinema. A sala de exibição em Brotas era de um amigo da família, então tínhamos acesso livre. Passavam um filme de domingo a terça, outro de terça a quinta, outro na sexta e no sábado, e no domingo ainda tinha matinê. Assistíamos a todos. Os filmes do Mazzaropi nos deram a base de comédia, do Jeca Tatu, que também está no tragicômico da cultura italiana e se pode ver no conteúdo de nosso design. Além dos filmes caipiras e das chanchadas, o dono do cinema enfrentava os percursos em trem ou ônibus por estradas de terra para levar a Brotas fitas dirigidas por Fellini, Kubrick, Polanski, Antonioni, Pasolini; filmes como *O bebê de Rosemary*, *A dança dos vampiros*, *O inquilino*, *Teorema*, *Blow-up*, *Morte em Veneza*.

As viagens e os filmes alimentavam nosso dia-a-dia no interior. Eu, Fernando, via os brinquedos motorizados e as máquinas, voltava fazendo nave espacial, jato com quatro turbinas e disco voador com restos de madeira ou com mandacaru. Desde pequeno tenho paixão por avião; queria ser astronauta quando crescesse. Eu, Humberto, queria ser índio. Construía casas nas árvores, com piso de bambu e teto de palha. Uma vez peguei sucatas variadas e fiz nichos onde coloquei porcos, galinhas, patos, cada um no seu viveiro, como se fosse um minizoológico. Construía brinquedos com os galhos das árvores, com as plantas, argila e madeira.

A vivência da cultura caipira misturada ao acesso à cultura universal é uma grande riqueza em nossa vida. É a base que nos fez e nos deu o norte.

3. ALÇANDO VOO

Eu, Humberto, saí de Brotas aos 18 anos de idade e me mudei para São Paulo para fazer faculdade. Eram os anos 70, uma época difícil, da ditadura militar, marcada pelo desaparecimento de presos políticos, pela repressão. Meu pai queria me dirigir para profissões mais institucionalizadas, como medicina e advocacia. Eu já tinha sensibilidade para arte, mas tive medo de me aventurar. Escolhi a Faculdade de Direito da Universidade de São Paulo, no Largo de São Francisco, em parte para agradá-lo e em parte por influência dos poetas românticos e de escritores como Lygia Fagundes Telles, que tinha estudado lá. Pensava que ia viver num ambiente de arte e literatura, mas na verdade era mais careta, tradicional. Os estudantes se conheciam, eram filhos de advogados; eu, com meu sotaque carregado do interior, me sentia marginalizado, à parte.

Foi uma época boa de minha vida. Tinha trocado aquela casa imensa em Brotas por uma quitinete superpequena na Rua Martins Fontes, no centro de São Paulo, mas podia andar pelas ruas até de madrugada, descobrir a cidade. Até hoje gosto do centro paulistano: é uma região meio decadente, não é tão globalizada – me atrai porque tem vida, humanização.

Fiz os cinco anos de faculdade, me formei e fui trabalhar num escritório de advocacia internacional e depois numa empresa, mas me dei conta de que ia ser medíocre como advogado. Em 1977, larguei emprego, apartamento e carro em troca de uma possibilidade de trabalhar na Cooperativa de Cacau de Itabuna, na Bahia. Um amigo tinha me convidado para morar lá, mas, para a família – que tinha muito orgulho de eu estudar no Largo de São Francisco e seguir uma profissão tão reconhecida –, foi a morte. Minha mãe se lamentava dizendo que eu ia "virar hippie"; meu pai ficou preocupado e de certa forma decepcionado. Mas, no dia da minha partida, minha mãe apareceu no meu apartamento com um disco maravilhoso de presente: *Porgy and Bess*, na versão com Ray Charles e Cleo Laine. Foi a forma que ela encontrou de dizer que me entendia e apoiava.

Itabuna tinha o clima dos romances de Jorge Amado – era sertão, velho oeste, tinha até pistoleiros nas ruas e muita solidão. Era uma cidade cercada de florestas, vivia do cacau, mas era feia, sem planejamento. Eu não tinha carro – no sábado à noite era um sofrimento. Mas o período em que fiquei lá, longe da família, me relaxou, me pôs em contato com a liberdade que o baiano tem em relação à vida e me amadureceu. O fato de a população da Bahia ter muitos descendentes de africanos traz um clima diferente. O baiano não tem o catolicismo tão forte e castrador como o paulista do interior. Acabei não conseguindo o emprego na cooperativa em Itabuna. Um amigo chamado Osmundo fazia objetos com conchas, terracota, vários materiais. Ele me ensinou a fazer também, e comecei a usar as mãos para batalhar o pão de cada dia. Hoje, olhando em retrospecto, acho que foi a melhor época da minha vida: ali comecei a enxergar um possível caminho.

Tomei como mantra que poderia refazer minha vida através das mãos e fui criando minha própria linguagem. Já havia uma elaboração nesse artesanato; eu fazia molduras de conchas e de mosaicos coloridos, parecia algo bizantino. Ao final de dois anos, essa prática e a consciência de um caminho me deram forças para voltar. Decidi aprender mais sobre materiais. Nessa procura, passei a frequentar cursos livres, na Fundação Armando Álvares Penteado (FAAP), de esculturas em materiais variados, como terracota e ferro, e de joalheria. Paralelamente, comecei a fazer esculturas e cestas de palha e bambu. Trabalhava no quarto dos fundos de minha casa, tingia as cestas no fogão da cozinha e deixava um rastro de anilina nos cômodos.

Eu, Fernando, vim para São Paulo em 1977, mesmo ano em que o Humberto foi para Itabuna. Passei a morar com um amigo num apartamento na Praça Roosevelt, no centro da cidade, que nessa época era um barato. Eu caminhava pelo Anhangabaú, Bexiga, Largo do Arouche; ia a restaurantes como o Gigetto, Orvietto e Piolin; frequentava a região da Rua Augusta. No térreo do prédio em que eu morava havia o Cine Bijoux, com uma seleção fantástica de filmes de arte.

Em 1978, entrei para a Faculdade de Arquitetura de Mogi das Cruzes, cidade vizinha à capital, e em 1979, quando abriu a Faculdade de Arquitetura de Belas Artes, em São Paulo, me transferi e fiz parte da primeira turma. Aí morei na Rua Bela Cintra, esquina com a Rua Dona Antonia de Queiroz. Era muito fácil me locomover na cidade, fiz muitos amigos.

Na faculdade, os professores que me davam nota boa eram a Renina Katz, o Flávio Império e o Marcelo Nitsche. Mas os racionalistas imperavam, e eu ficava meio decepcionado e angustiado comigo mesmo. Sentia muita ansiedade de que não saberia projetar corretamente, achando que nunca iria conseguir fazer um prédio reto, todo certinho, e me lembrando da infância, quando tentava colorir aqueles livros de antigamente. Os colegas pintavam bonito e eu borrava, saía fora do desenho.

Em 1983, quando estava terminando o curso, entrei para a equipe de monitores da Bienal de Arte de São Paulo. Estudei história da arte durante um ano. Foi muito bom. A área educacional da Bienal era coordenada pela Dayse Piccinini, e a Maria Izabel Branco Ribeiro, hoje diretora do Museu de Arte da FAAP, era assistente da coordenação.

Quando chegou a época da Bienal, o arquiteto Jorge Carvajal, encarregado do projeto de montagem, descobriu que eu estudava arquitetura e me chamou para ser seu assistente. Então, além de ser monitor, acompanhei todas as montagens, coloquei em planta o que o Jorge queria e tive contato com artistas como Jean-Michel Basquiat e Keith Hering e fotógrafos como o suíço Pierre Keller, que atualmente é diretor da Ecole Cantonale d'Art de Lausanne.

Quando a Bienal acabou, eu não tinha o que fazer, e em 1984 fui ajudar o Humberto a fazer entregas. A gente vendia em lojas de presentes como Simão, Mickey, Mappin e Mesbla. Comecei a direcionar o Humberto para ter um olhar mais moderno em relação ao uso da matéria desses objetos. Dei uns toques para chegar a formas mais arrojadas, menos barrocas, fazer aqui e ali uma alça mais reta.

Ao começarmos a trabalhar juntos, nós fazíamos tudo – desde comprar caixas usadas de papelão para embalar as peças até emitir as notas fiscais, correr atrás de fornecedores, vender, distribuir, administrar, enfrentar as dificuldades de dinheiro, resolver as coisas burocráticas... Passamos a aprender todo o processo; e isso foi muito bom, pois nos preparou para o que veio mais recentemente, que são os contratos em outras línguas, a necessidade de sabermos nos posicionar nas várias situações.

Mudamos para um porão na Rua Peixoto Gomide, também no centro de São Paulo, e chegamos a ter 20 pessoas trabalhando. O nome da empresa era Campana Objetos de Arte, mas fazíamos peças de artesanato. Quem nos aconselhou esse nome foi Zuleika Bacarat, uma representante comercial da sociedade paulistana que nos ensinou várias coisas. Uma vez disse que "concessões indevidas tornam-se direitos adquiridos", e ela tinha toda razão: um cliente que tem um desconto uma vez passa a querer para o resto da vida. O não ou o sim mal dito forma um problema que se arrasta por muito tempo. Tivemos de aprender a dizer não, algo difícil. Nosso pai ou estourava, muito italianamente, ou botava para correr, mas não dizia não. Nessa época, já aposentado, ele nos ajudava, conhecia pessoas que faziam cestos de bambu para colher laranjas, então cortava bambu em Brotas e trazia para São Paulo.

Da palha, começamos a trabalhar com outros materiais, como a cerâmica esmaltada. Lutávamos para conseguir superfícies mais lisas, mas tudo parecia ficar uma porcaria e empacávamos na situação, achando que não ia vender. Passamos para o mármore – foi um fracasso! Aparecia um furinho no mármore, descolava, e as lojas devolviam. Isso quase nos deixou loucos. Foi só no momento em que começamos a trabalhar com o ferro, a partir de um curso do Humberto na FAAP, que passamos a perceber o mundo de uma forma diferente, sem a superfície lisa, e começamos a digerir o que era crespo, torto, imperfeito.

4. O ENCONTRO DE UM CAMINHO ORIGINAL

Estávamos indo em frente, sobrevivendo de nosso trabalho. No entanto, eu, Humberto, andava meio desinteressado da vida, sem vontades, sem estímulos. Decidi então fazer uma viagem de duas semanas à região do Grand Canyon, nos Estados Unidos, promovida pelo Instituto Esalen. Descíamos o rio Colorado num barco inflável e à noite acampávamos no deserto do Colorado.

A paisagem era linda, com aqueles dois paredões de rocha do Grand Canyon e no meio o desfiladeiro. A gente ia descendo e vendo coisas que de longe pareciam pinturas ancestrais, mas ao nos aproximar víamos que eram vilarejos com construções de terracota já semidestruídas, que tinham sido feitas pelos índios Anasazis, incrustadas no paredão do rio. Foi fascinante. O isolamento no meio daquela natureza e a proximidade com o perigo impulsionavam cada um a ter um contato mais próximo consigo mesmo. Uma noite sonhei que era engolido por uma espiral. No dia seguinte, o barco foi sugado por um redemoinho, meu colete abriu e todo mundo conseguiu flutuar, menos eu, que caí no redemoinho. Por um momento, uma eternidade, achei que ia morrer, mas consegui sair.

Esse episódio trouxe um ânimo novo à minha vida. A partir dele, decidi que devia embarcar com tudo na coerência com a loucura da criação. No dia seguinte, desenhei uma espiral num papel. Ao chegar a São Paulo, peguei uma chapa de ferro bem grossa e com um maçarico cortei uma cadeira com uma espiral em positivo no encosto.

O corte do ferro deixou um vazio; então eu, Fernando, peguei o resto de material e fiz outra cadeira, com a espiral em negativo. A partir daí, juntos, passamos a criar uma série de cadeiras e de mesas, todas em ferro. O que nos interessava eram justamente essas características de "imperfeição", o fato de ser um material mutável, que vai enferrujando à medida que o tempo passa, vai recebendo com dignidade as marcas do tempo. Deixávamos propositalmente as peças sem acabamento, para que esse processo de envelhecimento natural pudesse ocorrer.

Agimos sem pensar, fomos fazendo a coleção quase por *hobby*. Ela era totalmente anticomercial. O ferro é um material inusual nessa tipologia de móveis porque é muito pesado, resultando em objetos nada funcionais, e a funcionalidade era – e ainda é – um axioma do design. Na calçada de um serralheiro na Rua Frei Caneca, no centro de São Paulo, as cadeiras se tornaram uma curiosidade para as pessoas que passavam...

No Brasil, imperava o racionalismo da "forma segue a função", os princípios rígidos que abominavam o ornamento como se fosse um pecado. O pós-modernismo não teve força aqui, ao contrário da Itália, por exemplo, onde surgiu o Movimento Memphis e onde havia um fervilhar de contestação.

Decidimos levar alguns exemplares para o Pietro Maria Bardi. Italiano que tinha vindo ao Brasil para criar e dirigir o Museu de Arte de São Paulo (MASP), reputado na época como o mais importante museu do país, Bardi era um grande conhecedor de arte, uma personalidade. A reação dele foi instantânea: disse que gostou muito, falou que ia publicar a foto de uma cadeira e de uma escultura do Humberto num livro que estava preparando sobre escultura, e nos convidou para expor no *hall* da livraria do museu. A opinião dele era muito valiosa, ficamos exultantes.

Já estávamos nos preparando para essa exposição no MASP quando, um dia, vimos no jornal que o designer inglês Danny Lane iria dar uma palestra sobre seu trabalho na Nucleon 8. Essa empresa era dirigida pela designer Adriana Adam, que tivera a ousadia de relançar clássicos do design brasileiro, como Flávio de Carvalho, Lina Bardi e Paulo Mendes da Rocha. Ocupava um galpão na Vila Madalena, quando esse bairro ainda não estava na moda.

Danny Lane expressava um pensamento muito radical e revolucionário. Ele fazia móveis de vidro muito instigantes e pouco funcionais. Para ele, o que interessava era o conceito do objeto, e não seu uso. Ficamos fascinados com sua palestra, pela afinidade que encontramos com nosso próprio trabalho e pensamento. Isso nos estimulou a mostrar o que estávamos fazendo para Adriana Adam e Maria Helena Estrada, jornalista que trabalhava na Nucleon 8 e mais tarde viria a criar e dirigir a revista *Arc Design*. Adriana e Maria Helena representavam um pensamento antenado no futuro, transgressor.

Quando viram os móveis, na mesma hora elas já disseram que iam fazer a exposição e que a gente deveria contratar um fotógrafo – passaram até o nome, Luiz Calazans – e tomar uma série de providências. Retrucamos que tínhamos o convite do Bardi, mas Maria Helena disse para desistirmos, pois no MASP essa mostra seria uma andorinha que não ia fazer verão. Por incrível que pareça, acreditamos nela, a despeito dos conselhos dos amigos, para os quais tínhamos enlouquecido.

O resultado foi uma exposição maravilhosa, que recebeu o sugestivo e provocador título de *Des-Confortáveis*, realizada em 29 de junho de 1989, dia de São Pedro, data escolhida dentro dos cálculos de astrologia da Adriana e de numerologia da Maria Helena. Tudo foi muito bem cuidado, da iluminação reforçando a dramaticidade das peças à trilha sonora, feita com discos trazidos por nós da Europa. A designer gráfica Fernanda Sarmento, que então trabalhava na revista *Domus*, em Milão, foi acionada para criar uma tipografia nova para as peças gráficas; fizemos um pôster com cadeiras sendo queimadas. Desenvolvemos também uns pratos de cobre amassado para servir saladas de frutas secas. Aprendemos a importância do conceito, da cenografia e até do serviço num evento desse tipo. A exposição teve um impacto muito grande – tudo era muito novo, era um verdadeiro choque. Recebemos muitos cumprimentos de pessoas que a gente admirava, figuras importantes do cenário cultural de São Paulo. Foi uma pena que nosso pai já não estivesse vivo para acompanhar essa repercussão.

No dia seguinte da exposição, eu, Humberto, passei a ter uma insônia que me persegue desde então. Algo destampou dentro de mim, e à noite eu passei a fervilhar de ideias, pensando, pensando...

Com as *Des-Confortáveis*, tomamos contato com a nossa própria capacidade de criação, descobrimos um vocabulário novo, encontramos nosso caminho. Vimos que não dava para pretender fazer aquela coisa limpa e perfeita do design italiano. Essa linguagem que descobrimos para nos expressar não tinha a ver com a Braun ou com a Volkswagen. Nossa ideia era tirar partido do erro – o erro de acabamento, de execução, tão comuns em nosso país, por causa da pressa da produção. Fazer com todas as limitações, essa se tornou a nossa busca.

A imprensa, desde o início, reagiu muito bem. Tivemos uma primeira matéria na revista *Design & Interiores*, em texto de Adélia Borges, e depois outra na *Casa Vogue*, do João Carrascosa, e a partir daí começamos a ficar um pouco mais conhecidos. Mas o sucesso de mídia não foi acompanhado pelo sucesso comercial. A coleção das *Des-Confortáveis* simplesmente não vendeu. Era inverno, as pessoas se queixavam de que a cadeira era gelada, era dura. Adriana não se importou e nos disse para não fazermos concessão de nada, que ali havia criação em estado bruto e que, se não vendesse, não teria problema.

Sobrevivíamos ainda dos objetos de vime fornecidos para as lojas, mas aos poucos fomos diversificando a produção. A aposta da Adriana nos deu gás para continuarmos naquele caminho de gestão do novo. Depois do ferro passamos a experimentar muitos materiais. Fomos primeiro para o alumínio fundido, vendo os erros da fundição como elementos de valor, no sentido de acrescentar textura à peça.

Depois, fomos chegando a outros materiais banais e aparentemente pobres, como os arames de alumínio, o barbante de algodão, as ripas de madeira, o papelão ondulado, o durepóxi, e logo começamos a nos apropriar dos materiais industrializados, como o poliéster, o acrílico e o plástico. Esse diálogo incessante com os materiais e seus processos construtivos nos move desde então. Se um material é pesado, tentamos fazê-lo leve; se é caro, queremos encontrar um meio de barateá-lo. Nosso interesse é transformar a matéria, dar uma outra roupagem, fazer uma subversão do uso.

Como a arquiteta e designer Lina Bo Bardi dizia, o povo brasileiro tira um elenco de ideias, de formas, da pobreza. Com restos de vários materiais, o morador da favela faz uma *assemblage* e constrói sua casa; o pescador faz seus instrumentos de trabalho, o vendedor ambulante faz sua bancada. Lina, que era a mais brasileira das italianas, sabia valorizar o que é popular e puro, e buscamos o olhar dela para nos inspirar, para sermos capazes de ver as riquezas dentro da precariedade de nosso país. Não tínhamos muita bagagem de informações, até por isso tínhamos grande liberdade.

No início tínhamos muita ansiedade de gerar novas ideias. Era uma experimentação febril; praticamente fazíamos protótipos. Queríamos reinventar tudo, fazer uma cadeira de plástico sem usar ferramenta, cadeira de papelão sem usar molde. Não nos preocupávamos com o mercado, com a durabilidade, nem em nos adequarmos a eventuais necessidades das indústrias, mesmo porque nenhuma se interessava por nossos projetos.

Havia uma distância abissal entre esse laboratório de ideias que era o nosso estúdio e a indústria brasileira. Esta queria o tiro certo na produção. No entanto, pensávamos que nunca iríamos conseguir atingir o padrão europeu, mesmo porque não tínhamos as mesmas condições – de mercado, de produção, de comercialização – que ele. Já que a indústria não se interessava por nossos projetos, tínhamos que continuar sendo, além de designers, empreendedores. Projetávamos, produzíamos, distribuíamos, fazíamos de tudo. Lojas como a Interdesign, a Nanni Movelaria e a Zona D foram as que acreditaram em nós e começaram a dar um fôlego.

No entanto, as vendas não eram significativas, e durante muitos anos tivemos um sucesso comercial muito abaixo da visibilidade conquistada na mídia. Talvez isso tenha ocorrido porque nossa linguagem era muito revolucionária; as pessoas não estavam familiarizadas com as formas e os materiais que usávamos. Como estávamos fascinados com a pesquisa de materiais e processos, logo partíamos para novas frentes de trabalho e abandonávamos as anteriores. No entanto, outros souberam surfar nessas ondas. Nosso trabalho era lançado numa Gift Fair, por exemplo, e logo depois um designer ou uma empresa ia se apropriando desses veios – ou copiando descaradamente mesmo – e encontrava um mercado já melhor preparado. Provavelmente, eles se dedicavam mais a acertar questões de produção, e assim ganhavam dinheiro, e a gente ficava a ver navios.

Mas os frutos iam surgindo, e não demorou muito para iniciarmos nossa atuação no cenário internacional. Em 1990, o jornalista italiano Marco Romanelli veio ao Brasil e viu as cadeiras das *Des-Confortáveis*, que nessa altura já estavam quase mofando... Ele gostou e publicou duas páginas na revista *Domus* sobre a Nucleon 8 e sobre nós. Em 1994, publicou outra matéria naquela revista, dessa vez com seis páginas, em que dizia que nosso trabalho tinha raiz brasileira e falava uma linguagem internacional.

Em 1995, participamos da primeira exposição *Brasil Faz Design*, mostra coletiva organizada pela curadora Marili Brandão para divulgar o design brasileiro lá fora, realizada no consulado brasileiro durante o Salão do Móvel de Milão. Quando estávamos lá, surgiu um convite para participarmos da mesa-redonda *Quite: This is Design*, uma conversa entre jovens designers de vários países promovida pela Associazione per il Disegno Industriale (ADI), no Palazzo Reale, em Milão. Os outros participantes mostraram trabalhos de linhas retas, bem dentro dos cânones do minimalismo, corrente estética que imperava naquele momento, enquanto nosso trabalho era o oposto, pendia mais para o excesso, o barroco. Estávamos na contracorrente do que era aceito – e, ainda mais falando em inglês, deu uma insegurança enorme. Mas só sabíamos fazer daquele jeito, só nos cabia ir em frente. Pensamos também que, afinal, se tínhamos sido convidados, foi porque viram em nós algum valor.

5. CONJUGAR INDUSTRIALIZAÇÃO E POESIA

Em 1996, a segunda *Brasil Faz Design* – dessa vez no Palazzo Reale, em Milão – incluiu uma exposição individual nossa. Nessa ocasião, o norte-americano Mel Byars, historiador de design, nos conheceu e decidiu publicar três cadeiras de nossa autoria no livro *50 Chairs – Innovations in Design and Materials*, lançado em 1997. Foi um superprivilégio porque nesse livro cada designer comparecia com apenas uma criação – as exceções foram o italiano Alberto Meda, o francês Philippe Starck e nós.

Até pela falta de tradição de investimento em design por parte da indústria brasileira, vivíamos em campos opostos em relação ao *status quo* empresarial no Brasil; os contatos eram inexistentes. Parecia que, se nos "rendêssemos" a ela, perderíamos nossa liberdade e nossos sonhos.

No entanto, algumas pessoas começaram a nos alertar de que não seria necessário abrir mão da poesia para irmos mais longe do que tínhamos ido até então. Ao contrário, poderíamos levar nossas inquietações para a indústria.

Um desses interlocutores foi o jornalista Marco Romanelli. Ele insistia em que poderíamos buscar um diálogo com a indústria sem perder a alma, e nos deu a primeira prova. Em 1997, Romanelli era diretor de arte da Oluce, empresa italiana de iluminação, e nos convidou para desenvolver uma luminária, ao lado de nomes como Konstantin Gric e Steven Blaess. Passamos a ele o projeto da Estela, feito com uma tela de borracha com PVC que tínhamos encontrado na 25 de Março, uma rua de comércio popular em São Paulo onde adoramos fazer pesquisas. Era um exemplo da subversão de uso de que já falamos: essa tela era vendida habitualmente como forro antiderrapante de tapetes, no entanto se comportava muito bem como difusor de luz.

Como os italianos não encontraram lá uma tela de borracha com furinhos igual à daqui, imperfeita e rústica, decidiram importar a matéria-prima. Investiram na produção de alta qualidade, em detalhes como a embalagem do produto (vendido desmontado, dentro de uma valise), e numa campanha publicitária para o caprichado lançamento na Euroluce em 1997. Então, a partir daí, o Brasil passou a exportar uma matéria-prima e a importar um produto final feito com essa matéria-prima. Seria cômico, se não fosse trágico, e revelador das dificuldades produtivas do nosso país...

E uma coisa puxa a outra. No ano seguinte, 1998, fomos procurados pelo arquiteto Massimo Morozzi, grande designer italiano e diretor de arte de outra empresa de lá, a Edra Mazzei. Ele tinha visto a cadeira com um trançado de cordas de algodão sobre uma estrutura metálica no livro do Mel Byars. Esse produto existia desde 1993, e nesses cinco anos tínhamos vendido uns dez exemplares apenas. Apesar disso, acreditávamos nele. Se nas *Des-Confortáveis* a gente "quebrava" o que existia antes, com essa cadeira talvez estivéssemos inaugurando algo novo, uma linguagem baseada no gesto da mão. Se antes havia algo bruto, agora queríamos algo mais suave, no qual as pessoas pudessem se sentar.

Batizada de Vermelha, a cadeira foi lançada com grande sucesso no Salão do Móvel de Milão de 1998. A imprensa observou que tínhamos levado a manualidade tão característica da cultura brasileira para o universo industrial europeu. Na Edra, apenas um operário constrói o produto, do começo ao fim. Numa técnica toda especial, ele enrola os 450 metros de corda colorida na estrutura metálica. A repercussão foi enorme; praticamente criou um *antes* e um *depois* na nossa vida. Ao longo de nosso trabalho, desde as *Des-Confortáveis* fomos lançando mensagens, códigos, e, de repente, encontramos o endereço certo, e a coisa aconteceu. É como lançar garrafas ao mar, ter paciência e persistência, e de repente vir uma resposta.

A inclusão no catálogo da Edra abriu muitas portas. A principal foi o convite da Paola Antonelli, curadora de design do Museu de Arte Moderna de Nova York (MoMA), para fazer uma exposição lá, em novembro de 1998. Paola já seguia nosso trabalho desde o período em que trabalhava na revista *Domus*, junto com a brasileira Fernanda Sarmento, mas nesse momento percebeu em nós um amadurecimento. Não era só o trabalho no estúdio, era "a poesia industrializada", como ela dizia.

A exposição se chamou *Project 66* e juntava o nosso trabalho ao do alemão Ingo Maurer, incrível designer de luminárias, que nessa altura já era muito reconhecido. Para que a gente conseguisse aceitar o convite, foi decisivo o apoio da empresária Sônia Diniz, da Firma Casa, e do Itaú Cultural, cujo diretor, Ricardo Ribenboim, foi procurado pelo curador Fábio Magalhães para nos ajudar. Sônia e o Itaú patrocinaram o catálogo – foi uma bênção. Do Ministério da Cultura, recebemos só tapinhas nas costas depois que a exposição abriu. Não há uma política coerente por parte do governo brasileiro de valorização dos talentos locais.

Estar num dos principais museus do mundo realmente foi algo muito especial para nós. Engraçado é que pouco antes estávamos querendo desistir e voltar para Brotas, trabalhar no sítio. Quem nos via nos jornais e revistas imaginava uma vida resolvida, mas entrava dinheiro e logo saía. Tínhamos dívidas, andávamos em carro velho, era muito penoso. 1998 foi um ano decisivo, de virada. Ter um grande lançamento em Milão em abril e uma exposição no MoMA em novembro nos deu um alento para continuar, e a partir daí com muito mais espaço, mais respeito. Massimo Morozzi, na Edra, e Paola Antonelli, no MoMA, possibilitaram que o nosso trabalho chegasse a esse outro patamar.

6. OS MÚLTIPLOS ELOS DO "SISTEMA DESIGN"

Massimo e Paola são exemplos de múltiplas relações que fomos estabelecendo e nutrindo ao longo do nosso trabalho, relações decisivas, pois design não é algo que se faça sozinho nem é algo que se limite ao ato da criação propriamente dito. A palavra design está muito desgastada, tudo virou design. Há muita gente medíocre ou querendo fazer marketing usando essa palavra, porque virou moda, dá *status*. Até por causa desse desgaste, a imagem que vem à mente das pessoas quando se fala no tema é de um mundo glamoroso, descompromissado, com pessoas que têm inspiração caída do céu. Nada mais longe da realidade.

Uma parte da profissão é ter disciplina, entregar no prazo, responder prontamente à medida que as questões vão surgindo. Se você não responde a uma dúvida na hora em que é procurado, o pessoal da fábrica ou o fornecedor de um serviço vai pegar outro projeto que esteja mais detalhado, mais próximo da execução para eles, e o seu vai ficando retardado na linha.

Há todo um sistema que faz o design, e todos os seus elos têm que ser considerados. Se você produz seus projetos, a relação com os fornecedores se torna muito importante. É desejável estabelecer vínculos de fidelidade com eles, pois assim se conseguem melhores preço, qualidade, constância de abastecimento e agilização na entrega. A importância do vínculo cresce quando se passa do fornecimento de matéria-prima para o de determinada mão-de-obra. O fornecedor não é uma máquina nem um material que podem ser facilmente substituídos, do tipo acaba aqui e você encontra na loja seguinte; seu trabalho envolve não só competência mas também o amor com que vai fazer aquilo. Antes de contratar, você precisa ter certeza de que vai poder honrar seu compromisso e pagar direito. Nós sempre pagamos primeiro aos empregados e aos fornecedores, e depois vinha a nossa retirada.

Com qualquer pessoa com a qual a gente se relaciona, seja um fornecedor, o todo-poderoso dono de uma empresa ou um jornalista, procuramos ter uma atitude correta, que começa pela pontualidade. No exterior, a ideia é de que o Brasil é um país tropical em que as pessoas demoram para responder, marcam um encontro e chegam meia hora atrasadas. Isso nos obriga a ser ainda mais atentos. Se surge um problema e a gente vai chegar mais de dez minutos atrasado, é preciso ligar avisando. Se recebemos um convite, respondemos sim ou não. Isso nem é profissionalismo, é educação. Se não quer que aconteça com você, não faça com o outro.

No início de um projeto, o ideal é que o designer esteja livre para pensar, para criar. À medida que o projeto avança, vai aumentando o grau de comprometimento do profissional com aquela ideia do que quer fazer, até o diálogo muito estreito com os operários na linha de produção. Esse diálogo não passa apenas pelas questões técnicas; inclui criar um laço amigável com os trabalhadores, quebrar o gelo e fazer uma espécie de jogo de sedução, porque é preciso mostrar para o operário ou para o engenheiro como aquilo vai fazer bem para a imagem da indústria em que eles trabalham. Em muitos casos se observa que não é a genialidade da ideia que vai ser responsável pelo fracasso ou sucesso de um produto, e sim o chão de fábrica.

É essencial ter o vocabulário para falar com a indústria. Se você não sabe as palavras certas, não pode montar uma sentença e argumentar com clareza. Se não entende de vidro, não adianta chegar em Murano e querer fazer coisas que estão fora da medida do forno ou que deixem o trabalhador exposto por tempo demais ao calor e portanto desrespeitem as normas sanitárias. Se vai fazer uma cadeira em plástico, tem de saber como ele vai ser injetado, que peso vai aguentar, a cor desejada... Quem projeta tem de saber o que vai pedir para os engenheiros ou os operários de uma fábrica, para eles responderem de acordo.

O mercado milanês nos ensinou muito. Lá, cada um sabe a sua função, todas as instâncias estão azeitadas, ninguém se bate nem atravessa a linha – de ética, de conduta – do outro. Essa cadeia envolve o engenheiro de produção e sua equipe, que vão resolver os melhores métodos produtivos; os encarregados da logística, que veem desde a identificação e o transporte da matéria-prima até a distribuição do produto nas lojas; o encarregado de marketing, que vai coordenar a publicidade; o fotógrafo, que vai fazer uma foto estupenda; o assessor de imprensa, que vai divulgar; o editor, que vai fazer um belo catálogo etc. O sucesso não cai do céu, mas é construído passo a passo, com muita segurança e muito empenho. Lá, se pedimos uma lista das lojas que estão vendendo mais os nossos produtos ou quais são as cores que estão agradando, a resposta é imediata.

Algumas empresas têm ainda o posto de diretor de arte, bem frequente na Itália, que começa a surgir no Brasil. Ele é uma figura-chave, pois concebe o direcionamento conceitual da empresa como um todo e faz as escolhas mais apropriadas de projetistas para que esse conceito se transforme em produtos e serviços coerentes. Já pudemos perceber que o diretor de arte ajuda o empresário a ser mais utópico, ele dá o aval de que a utopia vai dar certo porque tem também a base de realidade de execução.

Massimo Morozzi, por exemplo, consegue isso. Ele é um maestro que cria toda a sinfonia, tem a capacidade de reunir a tecnologia do melhor material para fazer um produto e até de articular a cenografia do estande em que ele será apresentado. O diretor de arte também cria coleções e busca a unidade dentro delas, organizando diferentes designers em torno de determinado tema. Em 2006, o tema da Edra era história natural, ligado ao mundo animal, à pré-história, ao primitivo; então respondemos com produtos relacionados ao jacaré. Em 2007, ele queria passar o clima de um bordel russo, por isso os móveis de cetim, as cadeiras de couro, uma coisa mais de fetiche.

7. CONQUISTAR – E MANTER – A CONFIANÇA DOS EMPRESÁRIOS

O reconhecimento internacional obtido em 1998 foi decisivo para abrir as portas das empresas para nós, inclusive das brasileiras. Roberto Stern, diretor da joalheria H. Stern, viu nossa exposição no MoMA e nos convidou a desenvolver uma coleção. Mais do que um contrato para entregar um projeto, a ideia foi que a equipe de desenvolvimento de produtos da joalheria mergulhasse em nosso universo, para, a partir disso, sair uma coleção. Os artesãos e ourives vinham até o nosso estúdio, e saíamos com eles para andar pelo centro da cidade, compartilhávamos experiências. O trabalho deveria durar dois meses, mas acabou se prolongando por um ano. Criamos tudo, até a vitrine das lojas e a embalagem das joias, em silicone, que ganhou um prêmio do Museu da Casa Brasileira em 2001. Roberto Stern nos deu total liberdade para escolher o diretor de arte do catálogo, o fotógrafo, o cenógrafo da festa de lançamento; e tudo correu com grande sinergia.

Outra empresa brasileira que apostou em nosso trabalho foi a Companhia de Tapetes Ocidentais, de Vavi Konigsberger, Jorge Konigsberger e Gianfranco Vannucchi, que tinha uma linha muito interessante de "tapetes de autor" com desenhos contemporâneos, de vários designers e artistas brasileiros. Projetamos, em 1999, uma coleção de dez tapetes baseada nos algarismos, de 1 a 10, em preto e branco. Dependendo do ângulo de que se olhava, a figura ficava irreconhecível – o que se via eram apenas as formas geométricas ou o contraste entre as cores.

Ainda nessa safra do início, fizemos para a Tok & Stok a estante Labirinto, em alumínio de liga naval, bem leve, mas eles executaram em madeira: o material pesava, a tinta rachava e acabaram tirando de linha, o que foi uma pena porque a estante ganhou um prêmio no Museu da Casa Brasileira em 1998. Quando se projeta de um jeito e a execução é de outro, quase sempre há problemas.

Fizemos também projetos no Brasil para empresas atuantes no nicho do design diferenciado, voltado para um mercado consumidor mais esclarecido, em geral empresas pequenas ou médias, como Arredamento, La Lampe e Forma. Depois que começou a produção de nossos móveis na Edra, Sônia Diniz, da Firma Casa, decidiu representar a empresa no Brasil e passou a investir muito em nossa produção. Ela praticamente criou uma clientela para a gente no Brasil; com ela estabelecemos um relacionamento de longo prazo, de muita confiança recíproca.

No começo, já tínhamos uma visibilidade na mídia, mas o dia-a-dia era bem difícil. Uma vez fomos à fazenda da Sônia num Gol velho e o carro começou a ter problemas. Tivemos que parar em muitos lugares do trajeto. Quando já estávamos quase na porta, o carro pifou de vez, e quando vimos estávamos num imenso gramado com um monte de seguranças em volta do nosso Golzinho...

No exterior, em 1998, havia um clima no ar de que a gente iria desaparecer depois do primeiro impacto no Salão de Milão, como muitos que duravam somente uma estação. No entanto, até hoje trabalhamos com a Edra. Passamos a trabalhar também para Fontana Arte, Swarovski, Capellini/Progetto Oggetto, Alessi, Disney Studios, Magis, Teracrea, MoMA Store e Artecnica.

Uma experiência interessante foi a da coleção Campane di Campana, para a Venini, em que exploramos o significado do nosso sobrenome e fizemos uma série de sinos em vidros. Passamos uma semana em Murano em 2005 pesquisando o material. Chegamos sem desenho técnico, pedimos para ver os fundos da fábrica e criamos ao lado do mestre vidreiro – lá há toda uma hierarquia – nove tipologias de sinos de cristal, que foram pendurados com cordas de cânhamo na galeria Moss, em Nova York.

No Brasil, uma megaindústria que nos procurou foi a Grendene, do Rio Grande do Sul, do segmento de calçados de plástico, que tem a marca Melissa. Já no primeiro contato, em 2004, o diretor de design da empresa, Edson Matsuo, nos liberou para pedir o que quiséssemos da fábrica, para ousar. Um erro num segmento como esse tem consequências muito danosas, por causa da reprodutibilidade totalmente industrial, em altas séries. Como a produção é por injeção do plástico, é preciso antes investir num ferramental, que custa caro, e, se não der certo, a perda de dinheiro vai ser grande. Felizmente, nossa sapatilha foi bem-sucedida. Esse é um caso exemplar de empresa que conseguiu se reposicionar por meio do design, trabalhando com vários designers externos e com aqueles de seu departamento próprio.

Sem dúvida, chamar a atenção e conquistar a confiança de uma empresa é difícil, porém mais difícil ainda é mantê-la ao longo do tempo. É importante estabelecer uma relação duradoura porque confiança só se conquista aos poucos, e, uma vez que ela exista, a vida melhora. Uma questão ética fundamental é não trabalhar para empresas concorrentes. Não fizemos calçado para a Camper por causa da Grendene; algumas joalherias quiseram nos contratar, mas não podíamos por causa da H. Stern. Não se pode ser tão fominha, nem ficar pulando de galho em galho.

Alguns clientes nos inspiram pessoalmente, e com esses somos contratados para um trabalho e entregamos dez, sem pensar muito na grana. Somos intuitivos, sentimos as coisas pelo estômago, e, se uma pessoa nos trata bem, abre-se um canal que desemboca na vontade de querer dar o melhor. A gente percebe isso também nas pessoas, é um contágio.

O bom empresário é aquele que sabe delegar e se cercar de pessoas competentes em postos-chave, sabe criar uma rede de parceiros, articular todo o sistema que faz um produto... Se a comunicação não é legal, a embalagem não está em sintonia com o produto, a vitrine não funciona; mesmo que o produto tenha qualidade, ele desmorona, não terá magia. O bom empresário é sobretudo o visionário, que estimula a criar, sabe que precisa empreender para poder estar à frente do mercado. Tem que ter a dosagem entre a utopia e a realidade, senão fica medíocre, pasteurizado.

A relação com a empresa depende muito de quem está à frente, pois são sempre relações pessoais que se estabelecem. Um exemplo desse tipo de executivo empreendedor e corajoso é Ítalo Rossi, que esteve à frente da filial brasileira da Masisa, multinacional de derivados de madeira, com matriz no Chile. Em 2003, ele nos convidou para visitar a fábrica em Ponta Grossa, no Paraná: eram só máquinas computadorizadas, não se via um operário, só alguns engenheiros dentro de cabines. As máquinas engoliam restos de toras de eucalipto ou de pinus, cortavam, processavam, prensavam e expeliam mil painéis de OSB por dia. Ítalo queria que fizéssemos uma intervenção nesses painéis, dando-lhes uma nova linguagem. Para nós foi uma chance bacana de fazer algo novo dentro de uma grande fábrica. Chegamos lá com uma mala cheia de materiais – ursinhos de pelúcia, bonecas, folhas de palmeira, bambus – e colocamos nas máquinas, junto com a madeira picada e o papel melamínico. Disso resultou um painel muito interessante, em que você olhava e de repente via um pedaço de um ursinho de pelúcia.

A Habitart, indústria de móveis gaúcha, interessou-se em fazer uma linha de móveis com esse material, que deveria ser bem simples e acessível à classe média. Desenvolvemos a mesa e a cadeira Célia, que provocaram interesse no exterior também. Quando Tom Dixon era diretor de arte da prestigiosa rede inglesa Habitat, ele queria comprar a linha, que não entrou na Inglaterra porque a Masisa não tinha a certificação do material.

O painel era um pouco mais caro que os outros, vendia pouco, mas propiciou mídia espontânea para a marca, que se tornou conhecida pelos formadores de opinião. Só agora, alguns anos depois, o público absorveu essa inovação e existe uma procura maior. Nesse meio-tempo, contudo, a direção da empresa mudou e eles descontinuaram a produção, o que foi uma pena.

8. DO PRODUTO AO AMBIENTE, A ABRANGÊNCIA DO DESIGN

O foco de nosso trabalho sempre foi o design de produtos, mas desde o início tínhamos uma convicção de que, mesmo quando se faz apenas o produto, é preciso ter uma compreensão do ambiente. Aos poucos, dos objetos fomos passando também para a arquitetura e até para as roupas.

Um criador tem de ser curioso para novos desafios, não ter preconceitos nem criar autolimites. Obviamente, num projeto italiano é possível ter uma cadeia de profissionais desde o dono até a gráfica, cada um fazendo sua parte. Mas, dentro de um projeto nosso, se não há condições financeiras de pagar todo mundo ou se nos sentimos envolvidos e capacitados, gostamos de ir a fundo e explorar as várias linguagens, desde a iluminação da exposição à música, mas sem tirar o brilho do outro, a capacidade de cada um da equipe.

Já em nossa primeira exposição, as *Des-Confortáveis*, nos preocupamos com o impacto da cenografia, colocamos aquelas pedras, procuramos dar dramaticidade. Fomos logo contratados também para fazer a montagem de exposições concebidas por outros. Em 1996, fomos chamados para fazer o projeto da segunda mostra *Brasil Faz Design*, em Milão. O dilema ali era a necessidade de comunicar uma ideia brasileira a baixo custo e sem resvalar no estereótipo. A solução foi muito simples. Usamos um material bem brasileiro, o sisal, como suporte de pinturas feitas em laranja e preto, as cores dos ianomâmis. Na edição de 1998, novamente chamados, optamos por fazer um sistema expositivo todo em blocos de isopor. Na verdade, tínhamos usado uma espuma na montagem no Brasil, mas havia uma lei contra incêndio muito rígida na Itália que impedia o uso desse material. Usamos então a espuma no Spazio Consolo, em Milão. O jornal *Corriere della Sera* disse que foi uma das dez melhores montagens daquela temporada do Salão do Móvel.

O lançamento da coleção da Companhia de Tapetes Ocidentais foi outra sacada de simplicidade e impacto. Fizemos uma *performance* com som e luz no Museu Brasileiro da

Escultura, o MuBE. Imaginamos como seria curioso ver os números nos tapetes estampados no chão, em grandes proporções; pisar nos algarismos podia dar uma ideia de brincadeira, de jogo. Os tapetes foram dispostos no vão livre do MuBE e bolamos uma coreografia, em que atores-dançarinos ficavam movimentando os tapetes, ao som de uma trilha sonora. O volume da música foi aumentando e chegando a uma catarse, até que a polícia, chamada pelos vizinhos, acabou com a festa. Eu, Fernando, gosto quando uma exposição vira um espetáculo; sempre quis ser ator, desde criança adorava teatro e nunca pude aplicar como arte cênica propriamente dita, mas como arte cenográfica sim.

Para nós é importante esse cruzar de linguagens. Em 2001, fizemos a cenografia de uma festa da revista *Vogue* e da Tactel no prédio da Oca, em São Paulo. Em 2002, passamos para a moda, com a cenografia do desfile da Forum, durante a São Paulo Fashion Week.

Em 2003, chegou a hora de um passo mais ambicioso, o projeto da exposição *Iluminar*, no Museu de Arte Brasileira, na Fundação Armando Álvares Penteado (FAAP), em São Paulo. Aprendemos muito nesse trabalho, o qual curiosamente desenvolvemos com Ingo Maurer, que estivera junto conosco na exposição no MoMA, quando ele era o consagrado e nós os coadjuvantes. Em 1998, ele nos respeitou e valorizou muito, e em 2003 já havia uma situação mais equilibrada entre nós. Ingo Maurer viu o projeto inicial e soube potencializar a nossa ideia, dando conselhos preciosos, como o de não ter sede de mostrar tudo o que sabíamos fazer porque o que tinha de aparecer eram as luminárias.

O projeto envolveu conceber o espaço expositivo em todos os seus detalhes e montar uma trajetória da luz, algo complicado por ser totalmente imaterial. Nossa concepção foi de um percurso da sombra à luz e daí o retorno à sombra, num corredor escuro em que as pessoas tinham que usar lanternas para se localizar. Trabalhamos piso, paredes, todas as superfícies. Quando surge esse entusiasmo, não vemos limite no envolvimento, mas respeitamos sempre o talento dos outros, procurando a soma.

Fizemos ainda as cenografias do *D&D Preview*, no shopping D&D, em São Paulo, em 2004; da exposição *Loucos por Design*, organizada pela revista *Arc Design*, no Museu Brasileiro da Escultura, o MuBE, em 2005; e em 2008 fomos contratados para fazer outro cenário, dessa vez para a apresentação de *Pedro e o Lobo* no Guggenheim, em Nova York, entre outros trabalhos dessa área.

Nessa escala do ambiente, uma coisa é a cenografia de uma exposição, de um desfile ou de um espetáculo –

que são instalações provisórias –, e outra é a arquitetura propriamente dita, voltada para instalações permanentes. Embora em ambos os casos seja preciso saber como as coisas vão funcionar no espaço, a arquitetura exige maior reflexão prévia. O compromisso e a responsabilidade são maiores, proporcionais à interferência que o trabalho fará na paisagem urbana, para o bem ou para o mal. E, se ficar ruim, vai ser muito difícil consertar o erro depois.

Demorou 25 anos depois de formado em arquitetura para que eu, Fernando, me envolvesse pela primeira vez profissionalmente com a atividade. Ela surgiu em 2006, quando a Camper, fabricante de calçados da Espanha, nos convidou para fazer sua loja em Berlim. Desenvolvemos um conceito que deveria ter fácil aplicação, para que depois pudesse ser levado e adaptado, sem grandes problemas, às outras unidades da rede. Trabalhamos também nas lojas de Londres e Barcelona; a partir daí a aplicação ficou com eles. Depois desse projeto fomos contratados para o remodelamento do Olympic Palace Hotel, em Atenas, que estamos fazendo neste momento.

Nas soluções arquitetônicas, é muito importante olhar o entorno e ver o que se adapta melhor a ele. Aqui no Brasil, muitas vezes impera a lei do salve-se quem puder, cada um faz o seu projeto e pronto, os outros que se adaptem. São

Paulo é exemplo disso; no Rio ainda existe um respeito ao gabarito de construção, uma textura urbana que segurou a especulação imobiliária. São Paulo sem os *outdoors* ficou outra coisa, o percurso dentro da cidade melhorou, tornou-se mais calmo, sem ruído visual. A cidadania também precisa avançar, e as empresas que não respeitam esses parâmetros deveriam ser objeto de boicote por parte dos consumidores, como existe em outros países.

A diversificação do tipo de projeto amplia o olhar e também segura a onda quando algum filão não está num bom momento de mercado. Como o velho ditado diz, é melhor não colocar todos os ovos na mesma cesta. Uma incursão recente nossa foi no paisagismo. Em 2007, recuperamos o jardim da agência de publicidade JWT, em São Paulo. Limpamos o lugar do que não era remanescente da Mata Atlântica, que já imperava no jardim, e acrescentamos espécies como manacá, indaiá, açaí, além de fazer uma parede com fibra de coco e chifre-de-veado. Também, transplantamos uma jabuticabeira de 70 anos de idade e fizemos uma praça em volta dela para as pessoas se reunirem.

9. O PROCESSO DE CRIAÇÃO EM DUPLA

Uma pergunta frequente das pessoas se refere a como é trabalhar em dupla – qual é o nosso segredo para estarmos juntos há tanto tempo. Respondemos que é porque nós brigamos todos os dias! Temos muitas afinidades, mas também muitas indisposições, que são naturais.

Às vezes brigamos só para manter a tradição do mau humor. Estamos trabalhando juntos, direto, desde 1984. É simbólico que a primeira cadeira das *Des-Confortáveis* tenha sido construída por um e a partir dela surja outra cadeira, feita pelo outro; há uma real parceria entre nós, uma complementaridade. Nos momentos em que tentaram nos separar, não deu certo. Quando fomos dar aulas na Fundação Armando Álvares Penteado (FAAP), nos separaram. Foi difícil chegar até o final do semestre.

Essa cumplicidade existe desde a infância. Eu, Humberto, já tinha oito anos de idade quando o Fernando nasceu. Fui eu quem escolheu o nome dele. Ele queria andar na minha turma ou na do nosso irmão mais velho, o José Alberto, que tomou um outro caminho na vida – é economista, casou e tem filhos.

Nosso modo de projetar é diferente. O Fernando precisa trabalhar com prazer, enquanto eu preciso da solidão e da reclusão para criar, e tiro meu alimento da inquietação da necessidade de trazer algo novo para minha alma. No começo de um grande projeto há ansiedade, insegurança, fico sem dormir, num diálogo constante comigo mesmo e, como sou impaciente, quero resolver logo. No final, surge um vazio grande, vem a sensação de que serei incapaz de voltar a criar. Então o Fernando me chama para passear, esfriar a cabeça, e novos caminhos – pelo menos até hoje! – acabam se abrindo. No dia em que faltar inspiração, não sei se vou achar muita graça em viver... A criação é muito difícil, é algo visceral para mim. Tenho que aprender a respeitar o vazio, a esperar esse vazio até que as soluções surjam.

Quando tenho uma ideia, simplesmente anoto em um caderno, em um guardanapo de restaurante, para não esquecer, e aí faço o protótipo, na escala real. As ideias podem surgir também diretamente da mão, do fazer, igual àquela frase do designer e teórico italiano Bruno Munari, que tem um livro com o título *Das coisas nascem as coisas*; depois é que elas passam pelo filtro da cabeça. Acho que não enveredei para uma escola de arte porque tinha a ideia meio equivocada de que talento seria saber fazer uma escultura de terracota superperfeita, igual a um corpo superperfeito.

Eu, Fernando, tenho uma postura diferente, não sou tão ligado ao fazer. O Humberto é mais artista, tem a força intuitiva de sacar o material, a cor, a textura, a manualidade. Eu sou mais racional. Para usar um termo técnico, eu sou projetista; adoro fazer direção de arte, escolher, selecionar, editar a coleção, construir um processo, pensar de uma forma industrial. Enquanto o Humberto gosta de construir, bordar, eu tenho um lado de preguiçoso-esperto, prefiro o caminho mais fácil e eficiente, sem grandes sofrimentos.

O fato de não termos um desenho técnico traz algumas peculiaridades ao nosso trabalho. Quando a Edra se interessou em produzir a Vermelha, pediram o memorial descritivo e o projeto executivo, e não tínhamos. A solução foi fazer um vídeo para explicar como se montava a cadeira. Como brigamos muito durante as gravações, para esconder os palavrões cobrimos as imagens com uma trilha sonora do músico pernambucano Chico Science, o criador do *manguebeat*, a mistura do maracatu com o *rock*. Foi muito engraçado, e a Edra até pensou em vender a fita com a música e um *kit* com a estrutura metálica e a corda para os jovens montarem a cadeira em casa.

Recentemente passei a sentir mais agilidade do que no começo, a cabeça ficou mais treinada em ver a mão fazer e saber como a mão faz. Viajamos muito, o tempo todo, e estamos aprendendo a solucionar as coisas mais rapidamente. No curto período de tempo em que estamos em nosso estúdio, conseguimos agilizar um exercício mental de criar um vocabulário rápido de respostas, de soluções. Aprendi também a dar o máximo de autonomia à equipe, a envolvê-la no processo.

Passar a fazer projetos de arquitetura nos ajudou a treinar o trabalho mental, de imaginar. A arquitetura impossibilita a construção em escala real: é necessário lançar mil hipóteses, filtrar, rever, ficar discutindo e depurando em cima de um papel. Para o Humberto aprender a ver uma planta baixa, encomendamos uma maquete eletrônica, assim ele pôde viajar dentro do espaço. O ciclo do tempo dos projetos de arquitetura também é muito diferente. A ansiedade do Humberto é porque, para ele, parece que a construção vai começar na semana que vem, mas na verdade as etapas todas têm de ser respeitadas, as ideias têm de ser depuradas, a discussão é necessariamente maior, e há muitas idas e voltas até chegar ao resultado final.

Ajuda saber desenhar, mas não é imprescindível. No entanto, um designer precisa saber interpretar abstratamente suas ideias, captar uma outra realidade que ainda não existe fisicamente e ser capaz de transmiti-la a quem vai concretizar esse plano mental. Temos a sorte de encontrar essa complementaridade um no outro, e assim a mão e a cabeça acabam trabalhando juntas.

Esses são os nossos jeitos, o seu será diferente. Pode-se construir diretamente um protótipo com as mãos, desenhar num pedaço de papel, fazer um projeto no computador ou usar muitas outras formas. Não é necessário dominar todas as técnicas, e sim saber estabelecer um trabalho em equipe. Se você não trabalha bem com o AutoCAD no computador, pode pedir a um colega que faça para você; trocar trabalho. Mais tarde, quando já estiver estabelecido, pode contratar alguém que faça isso.

É essencial achar uma forma de se comunicar que esteja de acordo com sua personalidade, encontrar algo que se harmonize com sua alma – assim a criação flui. Não precisa seguir tantas regras: tem de fazer isso, fazer aquilo... O importante é entender que ser designer não é só desenhar ou só trabalhar bem no AutoCAD, é saber criar. Como Oscar Niemeyer, o grande arquiteto brasileiro, que traça seus projetos em linhas muito simples, nesse gesto de riscar o papel.

Uma conquista para a gente foi poder ter uma equipe muito boa, com pessoas de várias formações e *backgrounds*, cada uma com um papel. Nosso estúdio é um pequeno laboratório, e desenvolvemos técnicas junto com as costureiras, com os artesãos. Na hora de desenvolver os protótipos, temos a colaboração decisiva de Dorival Pereira Barbosa; ele tem um olhar muito sofisticado, uma competência extraordinária, é um verdadeiro artista. O serralheiro José João de Oliveira há vários anos faz as estruturas de vários de nossos móveis. Leo Kim tem um papel importante em toda a parte de administração, faz a revisão de nossos contratos. Lelia Arruda trabalha nos projetos. Temos também Claudio Campana, nosso sobrinho; Débora Ribeiro dos Santos; Diogo Matsui; Cristina Ester da Silva; Julia Roque dos Santos Ribeiro; Luiza de Albuquerque. Por aqui já passaram pessoas que nos ajudaram muito, como Roberta Cosulich, Rebeca Barreto, Teresa de Médicis. Alguns, de vez em quando, voltam para atuar em projetos especiais, como a Roberta, que vai colaborar em nosso catálogo *raisonné*.

É uma equipe com gente de vários lugares e experiências distintas; ao mesmo tempo se parece com uma família, há uma convivência harmoniosa, uma alquimia que funciona. Aprender a delegar foi importante para podermos ampliar nossa atuação; sem essa equipe não poderíamos dar conta de todos os projetos que pegamos.

Um momento difícil para todos nós foi a explosão que ocorreu no estúdio em 2005, provocada pelo vazamento de gás da casa vizinha. Quando o Dorival chegou de manhã para trabalhar, foi acender o fogão para fazer café e houve um estrondo: o teto caiu em cima dos móveis, o acidente foi tão feio que apareceu na televisão. Houve um renascimento nosso depois disso, tal qual a fênix renascendo das cinzas. Hoje nos sentimos mais seguros. O amadurecimento profissional traz mais agilidade e leveza para fazer as coisas.

10. ORIGINALIDADE DO OLHAR

Muito de nosso jeito de projetar vem da atitude de querer ver nosso cotidiano, o lugar onde a gente mora, por onde a gente passa todos os dias, com olhos curiosos, capazes de enxergar realmente o que ocorre à nossa volta. Nessa intenção de originalidade de olhar, enxergamos coisas inusuais.

Começa pela própria reinvenção da matéria. Os fios de piaçava usados em vassouras podem nos inspirar para fazer um encosto de cadeira. Uma mangueira de jardim se transforma em poltrona. Grama sintética e pele de vaca se unem para fazer um tapete. O plástico-bolha das embalagens vira um biombo. E por aí vai. Dos espaguetes das cadeiras populares aos tubos de PVC flexíveis, passando pela lã de vidro, manta de borracha, E.V.A., arame retorcido, bichos de pelúcia etc., em tudo procuramos ver uma possibilidade criativa.

É preciso olhar para além do produto ou componente, sem preconceitos, ou seja, sem conceitos pré-formados. Só assim é possível deslocar os ralos de esgoto doméstico, feitos de plástico branco, para compor um tampo de mesa de refeição – e o que nos fascinou aí foi o efeito que a luz traz, criando um arabesco na projeção da mesa. Ou, então, usar calotas de alumínio de formas de pizza para fazer a superfície de uma mesa inflável, que integrou o portfólio de produtos da loja do MoMA em Nova York.

O uso de um objeto pode apresentar algum outro tipo de possibilidade além da função habitual para a qual foi feito. E isso pode incluir até um "uso" puramente estético. Há infinitas possibilidades para essa transposição de áreas, essa subversão, e queremos permanecer abertos a elas.

Como vivemos nessa caótica e maravilhosa cidade de São Paulo, os materiais que usamos em geral fazem parte do mundo urbano e contemporâneo. Mas também nos abrimos para coisas de outras localidades. Um exemplo são as bonecas de pano que vêm sendo feitas por tecelãs há muitas gerações na cidade de Esperança, na Paraíba, e que vinham passando por uma revitalização empreendida pela organização Artesanato Solidário, criada pela antropóloga Ruth Cardoso. Elas simbolizam essa capacidade de manualidade da cultura brasileira, que a nosso ver deveria ser mais absorvida pelos designers. Com essas bonecas fizemos a poltrona Multidão. Num de seus últimos depoimentos gravados em vida, a antropóloga Ruth Cardoso se refere a esse produto como uma síntese necessária para o momento que o Brasil vive. Em nossa visão, é muito importante estabelecer esses vínculos com a cultura brasileira; não é só pensar nos mecanismos produtivos e na industrialização, como pregam aqueles que se restringem aos ditames do modernismo e da Bauhaus, e sim pensar o projeto de uma forma local, absorver e transformar a cultura que nos é própria. Muitos criadores brasileiros pararam no modernismo, não evoluíram a partir daí, e essa é uma postura acomodada.

Na última coleção para a Alessi, a Mandacaru, recuperamos os mitos folclóricos da nossa infância, como o curupira, e fizemos um bichinho totalmente maleável, com um material especial que permite que ele mantenha a postura que quisermos. Esses produtos considerados *toy art* em geral expressam mitos inventados. Até onde sabemos, o nosso é o único que explora um mito do folclore de um país. Essa ligação com a cultura brasileira é vital em nosso trabalho.

Como já dissemos neste livro, o raciocínio de projeto é o mesmo do favelado que constrói com o que tem à mão, trazendo da matéria-prima mais banal, esquecida, uma nova função, sem precisar esconder a origem. É essa força de alma de fazer com todas as limitações que conta, e fazê-lo com liberdade. Quem consegue aliar isso a um refinamento de construção chega a um produto universal que tem a peculiaridade brasileira.

Essas possibilidades estão aí, em estado bruto, ao alcance de todos, para que sejam processadas de uma forma pessoal por cada um, de acordo com sua própria sensibilidade. Nosso processo frequentemente inclui choque de materiais: por exemplo, contrapor uma coisa fria e outra quente, uma cara e outra barata, uma natural e outra artificial.

É preciso contrapor também raciocínios, reinventar o que vinha sendo feito de um jeito para tentar algo totalmente diferente. Um exemplo é o trabalho que fizemos para o Balé Nacional de Marselha, na França, em 2007. A primeira surpresa de Frédéric Flamand, seu coreógrafo e diretor, foi perceber que não pretendíamos enviar desenhos a distância, mas criar lá, na hora. A segunda foi ver que não havíamos lido *Metamorfoses*, o poema épico de Ovídio em que o espetáculo se baseia, algo inconcebível para os europeus. Brincamos com ele dizendo que o livro era muito longo, a versão reduzida tem 400 páginas – não teríamos tempo de ler nem queríamos ficar presos ao texto clássico. A terceira foi quando viu que iríamos nadar contra a corrente e desprezar o *high-tech* em favor do *low-tech*. Isso porque o Balé de Marselha era reconhecido por fazer uso intenso de tecnologia visual nos espetáculos. Para o espetáculo anterior do grupo, *Metapolis*, a arquiteta iraquiana radicada em Londres Zaha Hadid havia projetado uma cidade futurista.

Levamos para lá o nosso olhar. Em várias visitas, ao longo de alguns meses, percorremos as lojas de Marselha, o centro da cidade, o porto. Resolvemos trabalhar em cima da ideia da metamorfose, de um cenário que se transformasse ao longo do espetáculo, e da possibilidade de cada bailarino ser encarado como mais uma parte do todo cenográfico. A criação surgia na hora. Flamand nos mostrava a cena e desenhávamos na frente dele, no ato, muitas vezes no corpo dos próprios bailarinos. Para dar mobilidade, usamos muito velcro, além de plástico, fio-espaguete e sacos plásticos. Para representar a Medusa, um dos mitos retratados em cena, optamos por fazer algo com material reciclado, aparentemente bem pobre, mas com um efeito para as cobras que acaba sendo surpreendente.

Além de zanzar pelas ruas e ter olhos para ver, outra atitude de projeto frequente em nossa trajetória é o desdobramento de conceitos, a passagem de um vocabulário que começa restrito a um segmento de produção ou a uma coleção para outro segmento, em outra escala, outros materiais.

Foi o que fizemos na passagem do conceito da cadeira Favela para a cenografia da exposição Casa Ideal em Colônia; nas formas do papelão ondulado dos sofás e biombos do início para as joias da H. Stern; nas varetas de bambu do biombo Escultura para a linha de utensílios Blow-up, de varetas de alumínio, da Alessi; e a mesma trama da Vermelha está, de forma ampliada, no Boa, um sofá-almofadão, também produzido pela Edra.

Há também uma relação continuada com planos em nosso trabalho. Eles estão no limite do chão – caso, por exemplo, do tapete de grama sintética com inserção em pele de boi – ou se avolumam e se dobram, como na Labirinto, em que dois conjuntos de lâminas de alumínio formam elementos que, dependendo da montagem, permitem uma multiplicidade de uso, compondo uma estante ou um aparador, por exemplo. Os planos estão também na Cone, uma "folha" de policarbonato com um corte no meio e dobrada que, sustentada por uma estrutura em aço inox, compõe uma poltrona. São raciocínios construtivos que se repetem, em novas soluções.

A Cone é um exemplo de produto de nossa autoria que provoca surpresa e estranhamento. A transparência do policarbonato sugere fragilidade e faz com que as pessoas tenham medo de sentar, achando que a cadeira não vai aguentar. Esses segundos de hesitação criam uma relação diferente entre o usuário e o objeto, não-automática, mais próxima da pulsão dos objetos de arte do que dos objetos de uso.

Começamos muito próximos do conceito de arte e aos poucos fomos nos aproximando cada vez mais da ideia do design reproduzido em altas séries. Apesar disso, muita gente diz que nosso trabalho está no campo da arte, e não do design. Alguns designers consideram isso um verdadeiro xingamento, mas não temos essa reação. Em nossa visão, os limites entre design e arte são cada vez mais tênues, imprecisos. Outros designers também estão próximos da arte, como os norte-americanos Charles e Ray Eames, nos vídeos que fizeram, e até o italiano Bruno Munari, que fez uma cadeira inclinada, "para visitas breves", como ele dizia. E até hoje nos consideramos produtores de ideias, e não de mercadorias. Queremos nos apropriar de processos e materiais passíveis de larga industrialização sem abandonar a postura de experimentação. A questão da arte e do design também se manifesta no fato de que nosso projeto é muito mais intuitivo do que cerebral. Nossa mãe nos pergunta quando vamos fazer algo mais comercial, mas intuitivamente estamos sempre transmitindo nossos questionamentos por meio de nossos projetos.

11. SUSTENTABILIDADE E ÉTICA

Esse lado "artístico" poderia denotar uma falta de compromisso no ato de projetar, tanto concernente aos aspectos produtivos quanto à relação que o usuário vai ter com o objeto. Mas não é assim. Há uma responsabilidade ambiental no ato de criar, e todos nós designers temos que assumi-la. Não somos 100% verdes, alguns trabalhos nossos podem ser questionados, mesmo porque há 20 anos a discussão sobre sustentabilidade ainda não tinha adquirido tanto a visibilidade quanto a urgência que tem hoje. À medida que vamos aprendendo e nos informando, passamos a nos preocupar mais com isso.

Quando um empresário nos convida para desenvolver um projeto, começa por nos levar a uma visita pelas partes bonitas de sua empresa, e sempre reagimos com o pedido impertinente de ver o lixo, porque ele pode sugerir caminhos de projeto interessantes. Foi assim na Alessi, onde identificamos umas limalhas de ferro que se tornaram o ponto de partida de nossa proposta; foi assim no projeto do hotel em Atenas, onde quisemos incorporar todo o detrito originado por uma grande reforma anterior; foi assim na fábrica de porcelanas Limoges, na França, onde nos deparamos com restos de pratos e alças de xícaras que foram muito inspiradores.

No lixo da Masisa vimos uma pilha de papel melamínico, a fórmica, que tem uma toxicidade muito grande e seu lixo leva anos para decantar. Daí decidimos prensar o resto de papel junto com o OSB e os outros elementos que levamos, e deu certo. Na fábrica da Grendene em Farroupilha, no Rio Grande do Sul, o lixo tinha restos de fios de plástico extrudados, os paquetes, como são chamados. Estabelecemos um diálogo a partir disso. Queríamos um calçado igual a esse lixo, e saiu parecido com a nossa cadeira Coralo. Por ocasião da renovação do contrato com a Grendene, quisemos repensar alguns pontos ligados à sustentabilidade. O reconhecimento profissional que conquistamos nos coloca no patamar de pedir certas considerações com relação ao nosso trabalho. Entre outras cláusulas, pedimos que se use na composição do produto pelo menos 40% de plástico reciclado, que o sapato seja 100% reciclável e que se use mais de metade do folheto que acompanha o produto com orientações para prolongar a durabilidade ou para incentivar seu uso de uma outra forma. Sugerimos até fazer fichas em que cada designer que trabalhou para a Grendene propõe um segundo uso: quando arrebentar uma tira, o que dá para pôr? Com um barbante daria para renovar o calçado? Assim, a embalagem não vai só fazer publicidade da empresa ou do designer, mas vai servir para orientar o consumidor.

Para que o produto seja 100% reciclável, é preciso que a empresa se disponha a participar dessa tecnologia reversa, a fim de que o material retorne a um local onde possa ser realmente reciclado e não deixe a coleta seletiva simplesmente a critério das prefeituras locais. Assim, sugerimos que toda loja Grendene tenha um posto de reciclagem, como se faz com pilhas e com baterias de celular, para que o usuário deposite seu calçado quando não puder mais usá-lo ou reaproveitá-lo.

O projeto ecológico envolve uma série de exigências. A escolha correta do material é a primeira delas. É preciso responder a perguntas do tipo: qual é o impacto desse material no ambiente? Há certificações atestando que ele foi produzido de maneira não-danosa? Que certificações são essas? Quanto desse material será necessário usar para fazer esse produto? Não haveria uma economia de quantidade se fosse empregada outra matéria-prima? Qual vai ser o consumo de energia para transportar essa matéria-prima? E para processá-la na fábrica? Quanto tempo o forno vai precisar ficar aceso? Esse processo vai poluir o ambiente? E como será a decomposição futura do material?

Essas questões todas deveriam ser objeto de disciplinas nas escolas de design. Mas, se na sua escola não se fala nelas, vá você mesmo atrás de informações. E comece a adotar a prática ecológica no seu dia-a-dia, às vezes em atitudes simples. Nós, por exemplo, estamos preocupados com o custo energético necessário para transportar uma matéria-prima de um lugar para outro. Por isso, em nossos projetos, sempre queremos usar matérias próximas da localidade da fábrica, o que tem implicações até em diminuir o congestionamento aéreo, já que essas cargas são muitas vezes transportadas por avião. Para a Artecnica, uma empresa norte-americana, desenvolvemos um enorme *bowl* que utiliza bambu e pneus descartados, produzido no Vietnã. No hotel em Atenas, também estamos priorizando os materiais locais.

Queremos nos envolver cada vez mais na questão da sustentabilidade, do lixo. Quando uma pessoa tem um reconhecimento, seu poder de comunicação e de influência passa a ser maior. Como formadores de opinião, queremos trabalhar para dar visibilidade à maneira como a produção e o consumo conscientes têm de se incorporar à vida de todos nós. Não vamos ser hipócritas: essa preocupação também está de acordo com as demandas do mercado, que se abrirão cada vez mais para isso.

Precisamos considerar também que, para uma empresa ser ecológica, ela precisa ficar atenta ao resgate de culturas ou processos que estavam sendo perdidos. Esses aspectos devem ser acrescentados ao escopo do trabalho do designer. Além da responsabilidade ambiental, há uma responsabilidade social, que engloba inclusive a necessidade de humanizar as relações de trabalho.

Há de se considerar, assim, a dimensão ética da atuação de cada um de nós. Há certos princípios que vêm da educação, de os pais darem um chão firme onde há uma distinção entre o que é bom e o que é ruim. Sem isso, tudo se torna possível, banalizam-se o sexo, a droga, a violência, a bebida, o relacionamento profissional. Mas, à medida que se introduz a ética no dia-a-dia, surge o pensamento de fazer algo ruim, o Grilo Falante do Pinóquio fica logo mandando outras mensagens.

A ética está também em repensar suas atitudes, dar um passo atrás, ficar atento. A velocidade dos acontecimentos está tão acelerada, as pessoas estão com tanta pressa de fazer, concluir, entregar, que atropelam as outras e nem sequer percebem. A reflexão é uma boa companhia, sempre.

12. DESIGN É PARA A ELITE?
O PREÇO DO DESIGN

Uma pergunta frequente em nossas palestras ou aulas se refere à razão de o preço de nossos produtos ser alto. Há uma série de fatores a serem considerados. Em primeiro lugar, no preço está embutido o tempo da gestação e de amadurecimento de uma ideia. Numa investigação científica, seja em que ramo for – farmacêutico ou tecnológico, por exemplo –, o primeiro lote sempre sai caro. Quando se compra o manuscrito de um livro ou um remédio que foi manipulado só para você, o preço naturalmente é maior. Um cientista que passe três anos procurando a cura da aids tem de receber uma remuneração pelo tempo dedicado. Nós temos um laboratório de investigação de materiais e formas, então o preço precisa englobar o tempo decorrido entre essas tentativas e erros até se chegar à solução final.

É assim que tem de ser encarado, e não só pelo luxo, pelo *glamour*. As primeiras pessoas que vão ter um objeto projetado por nós estão dispostas a pagar para compartilhar aquilo que a gente pensou; isso tem um preço e também é a forma de sobreviver. É a diferença entre uma tese e o livro de bolso que vai ser editado a partir dela. O custo de ambos é diferente. O segundo é um resultado, um fruto do primeiro. Transcorrem anos, às vezes décadas, entre o primeiro protótipo que fazemos de um objeto qualquer e sua entrada em linha de produção por uma empresa. A Vermelha demorou cinco anos para entrar numa empresa; a Favela foi criada em 1993 e só entrou em produção na Edra em 2003. Enquanto isso, temos de continuar pesquisando em nosso estúdio.

Outros designers e outras empresas frequentemente se apropriam de soluções já prontas; não investiram na pesquisa e apenas pegam a ideia já testada por nós e a produzem em séries maiores, conseguindo baixar os preços e ganhar dinheiro. E, nesse momento, muitas vezes nós já estamos em outra pesquisa, abrindo outro caminho.

Além disso, nas indústrias, o preço final não é algo da alçada do designer. É a empresa que fixa o preço, tendo em vista uma série de fatores, como técnicas produtivas, uso de materiais, processos etc., para chegar a um resultado com boa relação entre custo e benefício dentro da faixa de mercado visada.

Não somos uma fábrica de móveis, não podemos nos dedicar a ficar tentando baixar custo aqui e ali – isso cabe a quem vai produzir depois. Quando vendíamos cestas, tínhamos que ficar calculando para não tomar prejuízo. Foi quando aprendemos que o mundo do preço é complicado e não é a nossa praia. Se ficássemos o tempo inteiro pensando na questão do custo, nosso potencial de criação para trazer o novo, a alegria de ver o mundo mudar, iria minguar, teríamos de desenvolver outras habilidades que não nos interessam hoje. No início, era preciso fazer, embalar, enviar, cobrar; era muito difícil ficar atrás do balcão ("salta meia dúzia de fruteiras de arame para Salvador", "uma luminária para Porto Alegre"). Aos poucos, felizmente, conseguimos caminhar no sentido de ser um estúdio que desenha para empresas. Somos produtores de ideias, e não de mercadorias. As empresas nos pagam ou por projeto ou por *royalties*, que é uma remuneração proporcional às vendas. E queremos funcionar como um laboratório de ideias, é com isso que podemos melhor contribuir com o mundo em que vivemos.

Mas é claro que ficamos muito felizes quando nossos produtos são acessíveis a um grande número de pessoas. A sapatilha para a Melissa de certa forma nos popularizou de norte a sul do Brasil. É o nosso produto mais barato; nele pudemos explorar ao máximo a possibilidade de serialização do plástico. Algumas pessoas nos procuram dizendo que compraram para ter um produto assinado por nós, o único acessível a elas. E é uma grande alegria ver a nossa Melissa nos pés de pessoas como Dercy Gonçalves, nosso ídolo, a arquiteta iraquiana Zaha Hadid, a atriz argentina Cecilia Roth e a italiana Ornella Mutti. É muito bom também ver os produtos que fizemos para a Alessi distribuídos no mundo todo, em loja de aeroporto ou de estação de trem, em loja de material de construção ou num supermercado mais chique... Ainda temos a intenção de fazer móveis baratos e totalmente ecológicos, que alcancem realmente de forma ampla a casa das pessoas. Temos um profundo compromisso com as pessoas que usam e compram nossos designs, com aquelas que os produzem e com nós mesmos. Sem falar em um compromisso mais amplo, que é com o tempo e o lugar em que vivemos. E, definitivamente, não achamos que o acesso ao bom design deva ser privilégio da elite.

13. LIMITES ENTRE INFLUÊNCIAS, REFERÊNCIAS E CÓPIAS

Num campo criativo como é o design, há múltiplas interações possíveis com os outros profissionais das influências, referências e coincidências às cópias. Tivemos muitas influências ao longo de nossa trajetória. A primeira foi a Lina Bo Bardi. Sempre vimos as exposições que ela fazia, os prédios – o Sesc Pompéia foi muito frequente no nosso cotidiano. Ela permanece uma grande inspiradora: a defesa que fazia da vitalidade criativa do povo brasileiro é um elemento fundamentador de nosso pensamento. Danny Lane, Frank Gehry, Shiro Kuramata, Ron Arad, Ettore Sottsass, Andrea Branzi, Alessandro Mendini, Ingo Maurer, Oscar Niemeyer foram referências para nós.

Hoje temos o privilégio de ter um mestre intelectual, Massimo Morozzi. Ele faz a ligação entre pensar e fazer para nós. Os *briefings* que nos dá na Edra são verdadeiras experiências. O diálogo com ele é muito enriquecedor – nem é muito intelectual, é até infantil, por meio dos sentimentos, da vibração, da emoção. Às vezes, nos convida a ir a seu apartamento em Paris e, em vez de museus, nos leva a um supermercado chinês para pesquisar texturas de frutas. Ele tem um espírito onírico igual ao de Fellini, tem um olhar de criança.

Massimo vem muito ao Brasil. Já o levamos a Brotas e a outros lugares de que gostamos, como o porto e os edifícios "torre de Pisa", inclinados, de Santos. Uma vez fomos juntos com ele a uma favela que havia acabado de ser destruída por um incêndio; dessa visita nasceu o projeto de produção seriada da cadeira Favela. Quando o levamos a Brotas, nossa mãe não apareceu porque estava deprimida e não quis conversar; ele achou o máximo. É bom chegar a essa cumplicidade, mostrar a família que não é perfeita... Ele nos levou à casa de sua mãe em Florença. Vimos como trata os filhos, os netos; ele e sua mulher, a crítica de design Cristina Morozzi, moram em um dos galpões para artistas, anexos à Domus Academy. Apesar de parecer bravo, esnobe, Massimo é muito humano; na verdade, é muito criança – come doce e se lambuza, come salgado rapidinho para ir para a sobremesa ou come doce antes do prato principal.

Quanto às influências e coincidências, hoje as ideias circulam com uma velocidade acelerada no mundo. Há demandas do tempo em que se vive e que vão sendo respondidas por vários designers simultaneamente com soluções mais ou menos semelhantes. Essas coincidências vêm de duas pessoas receberem o mesmo estímulo e terem vontade de fazer coisas parecidas. Isso ocorre também na música, no esporte, em todos os campos. Ao folhear uma revista ou ver um produto, a memória visual vai imprimindo coisas na mente e inadvertidamente é possível duas pessoas fazerem algo muito parecido. A linguagem da nossa cadeira Cone – transparente, em policarbonato – tangencia a da Coconut Chair, um clássico dos anos 1950, de autoria do norte-americano George Nelson, mas pode lembrar também um chapéu de freira.

No momento de criar, não dá para ficar preso a essas questões. Mas, uma vez que se chega a uma ideia inicial, é necessário fazer uma pesquisa para ver se já existe algo do mesmo gênero. Fazemos uma busca no INPI, em revistas, mostramos a um jornalista, um curador, pesquisamos no Google. Se houver algo semelhante, abortamos o projeto.

Outra coisa é a cópia descarada, que existe muito. Todos os verdadeiros criadores sofrem com ela. E conosco isso foi especialmente cruel, pois sempre ficamos abrindo frentes de pesquisa, inventando novas coisas, e atrás vêm os copiadores, que já encontram um mercado mais "amaciado", mais propenso àquela inovação, e sabem tirar partido disso. Até na China já produziram coisas iguais às que a gente fez, e eles em geral conseguem um preço muito mais barato. Uma vez nos deparamos com uma dessas cópias numa loja da Rua da Consolação, em São Paulo, conversamos com o dono e, pelo visto, ele tirou do catálogo da empresa. Nunca processamos ninguém, nem fazemos patente de nossos projetos, com exceção da cadeira Cone, porque é uma ideia muito fácil de ser reproduzida. Algumas empresas que investem pesado em ferramental e em distribuição fazem patente dos nossos trabalhos. A Alessi, por exemplo, está processando uma empresa que copiou a linha Blow-up. Outras empresas têm como política a renovação constante das coleções e, portanto, não se interessam em processar.

Um cuidado que deve ser tomado, este sim, é recortar e guardar toda a documentação da mídia sobre o seu trabalho, para se defender de uma eventual acusação de plágio. Nós mesmos já fomos acusados de cópia por um francês, mas pudemos comprovar com as reportagens que mostravam datas coincidentes para os dois projetos.

14. JORNALISTAS E CURADORES: O OLHAR EXTERNO

Já falamos do "sistema design" no que diz respeito aos aspectos produtivos, relacionados a fornecedores, a engenheiros, ao chão de fábrica. Mas há um outro lado desse sistema que se refere à divulgação do trabalho e também à reflexão mais ampla sobre ele.

A imprensa teve e tem um papel muito importante em nossa trajetória. Desde o começo nos preocupamos em documentar e mostrar uma ideia. Procure um jornal ou revista de que você goste, veja na ficha técnica quem é o editor de design e mande sua ideia para apreciação. No mínimo ela vai estar na mão de alguém que um dia pode ser uma testemunha do seu trabalho.

Você precisa mostrar que existe, o que pensa, mandar material, demonstrar profissionalismo. O jornalista especializado na área é investigativo. Ele filtra o que vai publicar, não vai aceitar a primeira proposta, e algumas vezes até alerta o designer no sentido de que seu trabalho está muito parecido com o de outro.

Desde o início, não tivemos pudor em procurar os jornalistas, sem insistir, com respeito, mas levando conteúdo e boas fotografias – este, aliás, é um investimento essencial, porque muitas vezes a foto não faz jus ao trabalho, e ele deixa de ser publicado por esse detalhe. Já trabalhamos com excelentes fotógrafos, como Luiz Calazans e Andrés Otero. Um fotógrafo que nos retratou muito bem foi Fernando Laszlo; a foto do Humberto com um cocar de índio publicada no livro editado pela Bookmark é dele.

Outro fato interessante é que esse olhar externo nos ajuda a enxergar melhor nosso próprio trabalho. Um repórter, um curador, um fotógrafo às vezes conseguem enxergar nuances de que nós mesmos não tínhamos consciência. Entre essas leituras, na exposição do MoMA, Mel Byars nos chamou de "modernos tropicais". Cristina Morozzi escreveu certa vez que as cadeiras *Des-Confortáveis* não eram feitas para as pessoas se acomodarem, mas para incomodar as pessoas. Em reportagem da *Domus*, ainda em 1994, Marco Romanelli disse de nós: "Extraordinários designers-artesãos capazes de revelar a qualidade poética contida nos materiais, até os mais prosaicos, de conjugar industrialização e manualidade. Capazes de falar, no mundo, uma linguagem projetual realmente brasileira." Essas palavras nos estimularam muito, sinalizaram um caminho.

Ao longo desses anos todos, tivemos a felicidade de ver nosso trabalho publicado em dezenas de países, da Austrália ao Japão, da África do Sul à Noruega, não só nas revistas especializadas, mas também nos jornais e revistas de caráter geral, como *The New York Times*, *Financial Times*, *The Observer*, *Washington Post*, *Corriere della Sera*, *Newsweek*, *El País*, *Le Monde* e tantos outros. E ainda em livros de autores como Philippe Starck, Jasper Morrison, Tom Dixon, Charlotte e Peter Fiell, Ross Lovegrove e Terence Conran.

Outra frente de divulgação está nas exposições realizadas por museus e centros culturais. Também nesse caso há uma leitura do seu trabalho pelo curador, que pode confrontá-lo com outros, nas mostras coletivas, ou fazer uma reflexão apenas sobre sua atuação, nas mostras individuais. Desde o início tivemos muita abertura por parte dos museus. Já tivemos mostras exclusivas na Alemanha, Dinamarca, Espanha, nos Estados Unidos, na Inglaterra, em Israel, na Itália, no Japão, em Portugal e na Suécia, além, é claro, do Brasil.

Algumas dessas exposições foram retrospectivas ou lançamentos de projetos já prontos. Outras foram mais propositivas, com um convite para desenvolver algo novo especialmente para a mostra. Esse foi o caso, por exemplo, de *TransPlastic*, que fizemos na Albion Gallery, e *Campanas in the Garden*, no Victoria & Albert Museum, ambas em Londres e em 2007.

Outra bem instigante foi *Campana Brothers Select: Works from the Permanent Collection*, em 2008, no Cooper-Hewitt Design Museum, um museu dedicado exclusivamente ao design histórico e contemporâneo em Nova York. Essa é uma série em que curadores convidados fazem uma releitura da coleção do museu. Na biblioteca encontramos muitos livros de história natural, uma paixão das irmãs Sarah, Eleanor e Amelia Cooper-Hewitt, que fundaram o museu em 1897. Vários retratavam os monstros que os primeiros descobridores imaginavam existir na América do Sul. Imediatamente pensamos na mitologia rural brasileira da nossa infância. Retomamos o trançado como fio condutor, selecionando 20 objetos, entre papéis de parede, ilustrações, têxteis, joias, cadeiras e objetos dos séculos XVI ao XX.

Temos objetos nas coleções permanentes de vários museus e instituições, entre os quais: o MoMA; o Art Institute of Chicago; o Centro Cultural Belém, em Portugal; a Don Edelman Foundation, na Suíça; o Musée des Arts Décoratifs de Paris; o Museu de Belas Artes de Montreal; o Museum of Contemporary Art de Tóquio; o Museum of Design de Lausanne; o Philadelphia Museum of Modern Art; a Pinakothek der Moderne, em Munique, Alemanha; o Tel Aviv Museum of Art; o The Carnegie Museum of Art, em Pittsburgh; o Manchester Museum, na Inglaterra; o Centre Georges Pompidou, em Paris; o Vitra Design Museum, em Weil am Rhein, Alemanha; o Victoria and Albert Museum, em Londres; e o recém-inaugurado MAD Museum, em Nova York.

É muito importante criar vínculos de longo prazo com os jornalistas e curadores, o que não implica necessariamente amizade. Um certo distanciamento pessoal até pode ser desejável, para não misturar estações. Estamos falando aqui de um relacionamento cordial, em que você comunica sempre ao outro o que está fazendo ou pensando.

15. INTERESSE EM APRENDER

Temos tido o privilégio de correr o mundo com nosso trabalho, seja para projetar para empresas do exterior, fazer exposições ou então dar oficinas ou palestras, que se tornaram uma parte significativa, tanto em tempo quanto em rendimentos, de nossa atividade. A primeira conferência no exterior foi em Aspen, nos Estados Unidos, para um congresso de designers norte-americanos. Perdemos uma semana treinando a nossa fala e lá, diante de uma plateia de cerca de mil pessoas, muita gente importante, acabamos abordando o canibalismo cultural do Brasil, desde os índios devorarem o bispo Sardinha até hoje... A partir desse fio condutor contamos da nossa vida, do nosso trabalho. Fomos aplaudidos de pé.

Do México à Austrália, já demos palestras em inúmeros eventos, alguns para pequenos grupos, outros para mais de mil pessoas – o calor de uma audiência dessas é muito poderoso. Éramos mais travados para falar; um curso de teatro com a atriz Cristina Mutarelli nos ajudou a ficar mais à vontade. Essa troca é muito importante, tanto ouvir os outros palestrantes como dialogar com plateias tão diferentes. Em geral, fazemos um relato de nossa própria experiência, algumas vezes sob o título *The Spirit of Brazil: Transforming Chaos in Beauty*, mas tentando achar novos veios para explorar, senão fica repetitivo. Às vezes, recusamos novos convites por estarmos em um momento mais introspectivo, de amadurecimento interno, até entrarmos em uma outra fase do trabalho e termos algo novo a dizer. Hoje sentimos muita facilidade de falar em qualquer país do mundo, parece até mais fácil do que no Brasil, onde o olhar é mais crítico.

As oficinas e cursos são outra forma dessa interação. O primeiro *workshop* foi em 1996, no Liceu de Artes e Ofícios da Bahia, em Salvador, relacionado à apresentação local da mostra *Brasil Faz Design*. O segundo foi no Museu Brasileiro da Escultura, o MuBE, em São Paulo, que procuramos em 1997, quando Adélia Borges era a diretora. Fizemos a exposição *Subjetos*, junto com os designers

Jacqueline Terpins e a dupla Luciana Martins e Gerson de Oliveira, com os quais temos muita afinidade, e depois esse contato evoluiu para um curso sobre as transformações de materiais. No final, os alunos se constituíram no grupo Notech – o título se refere a essa opção deliberada por trabalhar com baixa tecnologia. Eles se destacaram muito, participaram de muitas exposições e reportagens, estão por aí.

No exterior, um lugar a que vamos frequentemente é a Ecole Cantonale d'Art de Lausanne (ECAL), na Suíça. Na primeira vez, em 1999, pedimos para os estudantes pegarem todo o lixo disponível – que naquele país é muito rico, tem até móveis – e fazerem um exercício de reutilização. Foi uma subversão dos processos da escola. A ECAL tem um grupo de professores fixos e um grupo de professores convidados em rodízio. Para nós, é bom por não ser necessário ficar o ano inteiro cumprindo um calendário; para eles também porque mantêm uma base regular, contínua, e recebem essa injeção de um olhar de fora. A ECAL também faz parcerias com as indústrias. Fizemos, por exemplo, um *workshop* com a Swarovsky, de vidros; isso aproxima a escola da vida real e leva o estudante a ter maior entendimento do mercado e conhecimento do processo de produção. Quando o diretor da

ECAL, Pierre Keller, nos chamou para dar aulas lá, ele se lembrou de mim, Fernando, da época da Bienal de Arte de São Paulo, e disse que já naquele tempo reconhecera em mim uma inquietação intelectual. Ele deu o nosso nome a uma das salas da faculdade.

Vamos sempre também a Boisbuchet, no interior da França, onde o curador alemão Alexander von Vegesack mantém uma escola de verão, com o suporte do Vitra Design Museum (que ele dirige) e do Centre George Pompidou, o Beaubourg. Lá demos um *workshop* chamado *Air craft*, de projetos que levam em conta o ar como um dos elementos construtivos do objeto.

Esse contato com os jovens é tão importante para nós que procuramos incorporar essa dimensão didática ao nosso trabalho profissional. O projeto de remodelação do hotel de Atenas está sendo feito em conjunto com cerca de dez estudantes de arquitetura locais. Reservamos uma sala do hotel para funcionar como se fosse uma escola. Temos encontros frequentes com eles e lhes passamos incumbências como a de refazerem as cadeiras antigas com um novo olhar, a partir de uma pesquisa sobre o que é a modernidade grega. O grupo está tomando corpo; o desafio é produzir com uma visão sobre a Grécia, e não sobre a Europa, como eles tinham o costume de fazer. Esse processo está sendo libertador para eles, abrindo possibilidades de criações para a carreira futura deles.

Para nós, os pressupostos da boa escola são abraçar a pluralidade, ter coração aberto para as diversas vertentes do pensamento e ser um lugar que os alunos tenham prazer de frequentar. Mas todas as escolas valem a pena. Se você estiver frequentando uma no momento, saiba que vai levar pelo menos uma coisa boa dessa experiência. A universalidade da universidade, a difusão do saber, a possibilidade de conhecer mais: só respirar esse ar já faz bem. Há também aqueles professores com os quais você pode se identificar, um porque vai ensinar ética, outro porque vai passar uma postura em relação ao conhecimento que irá marcar sua vida.

Além disso, na escola você adquire a disciplina de todo dia ir a um lugar fazer alguma coisa, e isso é importante, porque na casa dos pais existe disciplina, mas é diferente. Na hora parece chato, mas é importante para aprender um ritmo para a vida. Ouvimos coisas na nossa faculdade a que não damos importância na hora, e muitos anos depois a ficha cai de algo que foi uma real contribuição, mas a que não demos valor na época. Tudo parte da curiosidade, da vontade de saber mais, de ir além.

16. O FIO DA COERÊNCIA

Em algum momento da vida, coisas que estavam esparsas ou compartimentadas dentro da gente começam a fazer sentido num todo integrado. Por isso, retomando o conselho do início, escolha uma linha para seu trabalho baseada nos desejos, nos instrumentos e nas capacidades que você reconhece em si próprio desde a infância, algo que vem lá de trás, e então respeite essa linha e direcione seu potencial. Isso vai dar uma personalidade ao seu trabalho, que vem de processar o mundo, os materiais, os métodos de produção etc., de acordo com sua sensibilidade, seu filtro pessoal. Não adianta querer ser o que não é, camuflar uma fraqueza; não adianta entrar na onda do momento e muito menos copiar. Se você for fiel a si mesmo, vai encontrar um jeito que é seu.

Todos nós seres humanos temos naturalmente momentos de expansão, quando estamos felizes, e momentos de maior interiorização, quando precisamos processar alguma coisa. E o criador precisa da sombra para enxergar a luz e daí alcançar o equilíbrio; precisa refletir, olhar seu percurso. Sem esse diálogo interno perde-se a coerência e fica-se à mercê dos modismos, embarca-se no minimalismo, se ele é a nova onda, e isso não tem nada a ver.

Para encontrar um caminho próprio é preciso conhecer o dos outros, nas várias áreas. É importante educar o olhar, ficar atento ao que está no entorno, ir a museus, galerias de arte, ver filmes, assistir a espetáculos de dança, tanto na cidade em que você mora quanto durante as viagens, pois as artes, não só as visuais, estão muito ligadas ao design. Moda também é muito importante, pela velocidade com que traduz nosso tempo. Aos poucos você vai encontrando sua turma, descobrindo o que lhe faz bem, do que gosta. Quando viemos para São Paulo, começamos a ir a lugares que eram a expansão daquele universo de cinema de Brotas. Em vez de três filmes por semana, tínhamos as exposições do MASP, a Bienal, peças de teatro como *O balcão*, da Ruth Escobar, shows de Rita Lee, Gal Costa, Caetano, Bethânia, Dzi Croquettes. Temos curiosidade sem preconceitos. Da Marisa Monte à banda Calipso, de música brega do Pará, tudo é alimento, porque ficar preso a conceitos que não expandem a cabeça é uma prisão. É bom também ir ao Salão do Móvel de Milão. Vivenciar todo o ambiente do salão contagia, ver a forma como o produto é exposto, o entusiasmo do Salão Satélite, as pessoas que querem mostrar trabalho, ser publicadas, notadas.

Hoje é difícil para um jovem iniciar qualquer coisa. Tivemos uma grande sorte de ter conseguido construir, lá no início, um ganha-pão baseado nas cestas de vime. Se o Humberto não tivesse iniciado, provavelmente eu, Fernando, teria tomado outro rumo profissional. Aquele início foi nossa grande escola. Não vinha dinheiro de outra fonte, de pai, mãe, nada. Por isso, mesmo fazendo coisas que não estavam dentro do nosso princípio estético, tentávamos dar o melhor para extrair dinheiro daquilo e poder investir em outras ideias, como uma poupança num banco.

Tínhamos que nos submeter a todo tipo de situações, a provas, engolir humilhações dos fornecedores ou dos clientes, a que talvez o jovem de hoje não teria paciência. Conhecemos de perto a humilhação de precisar levar desaforo para casa e não saber se íamos realmente conseguir sobreviver daquilo. Em todos os momentos procuramos manter a educação e o respeito pelos outros.

Hoje muitos jovens já chegam *fashion*, fantasiados de designers, na última moda, com a revista certa na mão; se sofrem um contratempo já querem brigar de igual para igual, não estão dispostos a enfrentar um período de aprendizagem. Também esperam encontrar tudo mastigado, as portas abertas, o que quase nunca acontece. Na falta de uma indústria estruturada, que banque projetos ousados, o jeito é inventar saídas. A questão do empreendedorismo está na ordem do dia: buscar a própria autonomia, os meios de bancar a própria ousadia.

17. INTERESSE INTERNACIONAL PELO BRASIL

Apesar de ainda existirem muitos empecilhos, as oportunidades para um designer brasileiro estão muito maiores hoje do que quando começamos. Há, na comunidade internacional de design, uma curiosidade sobre o que ocorre no Brasil, que hoje também é um pequeno polo de ideias e tem uma nova geração de designers muito promissores.

Nossa maior qualidade, o improviso, sempre foi motivo de vergonha. Em outros países, uma vírgula é alterada e as pessoas ficam perdidas. Nos *workshops* temos alunos do mundo inteiro, e dá para observar as diferenças. Os latinos têm mais flexibilidade, agilidade, capacidade para superar situações e ver muito rapidamente uma chance de mudança. Essas habilidades passaram a ser valorizadas no mundo. Há multinacionais levando brasileiros para dar palestras e treinamentos fora do Brasil sobre como enfrentar as crises e desenvolver capacidade de adaptação às constantes modificações dos cenários. A escassez, a falta de segurança, a instabilidade são velhas conhecidas nossas, e ter capacidade para extrair soluções nessas situações-limite realmente é uma atitude admirável do brasileiro.

Nos países mais velhos, tanto já se fez... Isso pode se transformar num peso, pode conduzir à paralisia. Para fazer alguma coisa na Europa, a pessoa precisa se sentir como um rei. No Brasil, qualquer coisa que se faça é mais do que não fazer. Quando o Alberto Alessi nos convidou para visitar a fábrica da empresa em Piemonte, no norte da Itália, mostrou um museu de objetos de todos os tipos imagináveis. O impacto em nós foi desanimador, pensar que tudo já foi criado e não caberia fazer mais nada. Em vez de estimular, fechou a torneira da nossa criatividade – por sorte, só momentaneamente!

A globalização favoreceu muito o diálogo sul/norte. Antes, os Estados Unidos, a Europa e os países asiáticos ricos ficavam com a exclusividade do diálogo e do reconhecimento internacional. Agora se vê um momento bom de renovação em países como África do Sul, Argentina, Austrália, Filipinas, Tailândia, além, é claro, do Brasil.

Há uma curiosidade cada vez mais intensa a respeito do nosso olhar que vem do sul. A globalização pode ter vários males, mas houve, inegavelmente, uma abertura para outras formas de pensar e viver.

18. INTÉRPRETES DO NOSSO TEMPO

Quando éramos crianças, queríamos morar fora, fazer programas de intercâmbio cultural, mas não havia como a família bancar isso. Agora é o nosso trabalho que nos leva para o mundo. Agradecemos muito, e sempre, o fato de podermos não só viver do que fazemos, mas também viajar, fazer conferências e projetos lá fora e, assim, termos um contato mais profundo com outras culturas e convivermos com pessoas tão diferentes. Quando viajamos, em geral não vamos aos lugares turísticos ou glamorosos, e sim aos lugares atípicos, mais desertos, às periferias das cidades. É o contato com eles que nos torna cidadãos do mundo e alarga nosso campo de visão.

É muito bom viajar, mas é muito bom também voltar. Teríamos a possibilidade de nos mudar do Brasil, mas não queremos. São Paulo é a nossa cidade, é dela que tiramos a nossa inspiração. Nosso humor, nossa irreverência estão profundamente ligados ao lugar onde nascemos e vivemos. Não queremos abrir mão disso. O caos de São Paulo e a aparente feiura da cidade são o nosso motor porque aqui há uma enorme vitalidade, plena de potencial criativo.

Não queremos nem sair do nosso bairro, Santa Cecília, que para nós é como uma cidade do interior. Há muita mistura, com casas que são belos exemplos de arquitetura dos anos 1930, 1940, 1950, algumas ocupadas hoje por cortiços, ao lado de uma infinidade de pequenos prestadores de serviços, da loja de plantas, da igreja católica, da loja de umbanda com seu rico universo de mitos, crendices, texturas, cores. Todos esses lugares são verdadeiros oásis para nós, refúgios de bem-estar, assim como o nosso ateliê. Muita gente, quando vem, estranha, acha que errou de endereço, porque a entrada é muito feia, detonada, não há placa, nada. Mas aqui dentro é uma ilha, existe esse silêncio criativo, uma liberdade para criar que contamina os outros.

Eu, Fernando, costumo dizer que Santa Cecília é a Palestina. Bem perto do nosso ateliê está a Avenida Angélica, que é a nossa Faixa de Gaza. Do lado de lá da Angélica, fica o bairro de Higienópolis, muito refinado, que é Israel – aliás, ali se concentra a colônia judaica de São Paulo.

A quem nos pergunta se São Paulo é feia, respondemos que sim, é feia, mas logo emendamos: é feia, mas é bonita também. Temos que fazer o exercício diário de torná-la bela. Aqui na esquina de nosso ateliê mora um mendigo que faz calça e turbante com restos de plástico – é admirável essa capacidade de transformação do brasileiro. A cidade é o nosso alimento. Nosso trabalho está contaminado por esse caos, essa sujeira, essa inventividade, não é nem um pouco pasteurizado. A esse caos do Brasil agora podemos acrescer as paisagens, as lojas, prateleiras e também os dejetos que vemos mundo afora.

De certa forma, somos os mesmos do início. E, se tivemos reconhecimento, queremos continuar íntegros a nós mesmos, inclusive com a humildade que herdamos de nossos parentes. Nosso avô foi fazendeiro de café, estudou em Bolonha. Nossa avó poderia usar isso, mas ela nunca foi pretensiosa nem arrogante. Trazia pobre para dentro de casa, reciclava tudo, comíamos em pratinhos feitos de lata de goiabada. Não gostamos de quem fala "eu fiz tudo, eu sou o melhor", nem de quem desrespeita os outros, achando-se superior.

Claro que ficamos contentes quando temos nosso trabalho reconhecido. Mas, quando o ego começa a crescer muito, barra-se o contato com o divino. Ser humilde é estar em contato com a vida, ter a capacidade de enxergar o que está acontecendo e se inspirar nisso, não ficar na torre de marfim. É também reconhecer que esta é a nossa experiência, mas há muitas outras dignas de nota e atenção. Somos designers empreendedores fazendo coisas no limite com a arte e temos consciência de que há muitos outros caminhos, como o dos designers que trabalham nos departamentos internos de empresas e que têm de desenvolver outras habilidades.

Continuamos buscando a descontração, a criação, a emoção, a transformação e a reinvenção, buscando multiplicar as possibilidades das nossas escolhas e das escolhas de quem vai usar um objeto concebido por nós. E continuamos nos guiando pela nossa ética pessoal, que vem dos valores transmitidos lá no interior.

Depois das *Des-Confortáveis*, alguns amigos achavam que íamos esconder embaixo do tapete o passado das cestas, os espelhos de conchas. Foram necessários quase 20 anos para que a gente pudesse olhar com novos olhos o que fazíamos no início e que depois passamos a considerar *kitsch*. Isso ocorreu em 2007, com a exposição *Trans-Plastic*, realizada em Londres, em que retornamos à fibra natural, e depois se reafirmou na exposição no Cooper-Hewitt Museum, em Nova York, quando nos pediram a criação de um produto a partir do processo curatorial. Fizemos uma poltrona de vime trançado que expele objetos de plástico e borracha como se fossem espinhos, explodindo e levando para fora o que faz mal para o planeta. É uma peça única, não-reproduzível, que foi incorporada ao acervo do museu. Agora, em outubro de 2008, quando finalizaremos estas cartas, estamos também terminando uma instalação chamada *Diamantina*, que mistura fibra de apuí com cristais de ametista, para levar ao evento Design Miami, onde fomos escolhidos os "designers do ano".

Foi preciso um amadurecimento profissional para enxergar aquele início de uma forma mais elegante, mais poética, para poder trabalhar o vime e as palhas com um domínio maior, e também para retomar o trançado, mas num encontro explosivo do artesanal com o industrial, fazendo uma síntese. Voltamos, assim, não só ao início de nossa trajetória profissional: fomos mais além para nos reconciliar com as varas de pescar dos rios de Brotas.

Como diz Massimo Morozzi, um criador sempre se repete, é lógico que com evoluções, mas ele está sempre se repetindo, com mais e mais maturidade – é o que de certa forma reconhecemos em nosso trabalho. Nossas inquietações são as mesmas da infância. Desde o começo quisemos fazer algo em consonância com o nosso tempo, com as nossas raízes, com o nosso país. Nosso comprometimento maior é conseguir interpretar o nosso tempo, ter a coragem de trazer à cena algo que a princípio não parece bom mas que traz um frescor de pensamento, não a ousadia pela ousadia, mas aquela que parte da vontade de manifestar uma verdade interior.

Olhando em retrospectiva, vemos que tudo por que passamos foi importante, mesmo as dificuldades, e ficamos felizes de enxergar uma coerência e perceber que as fontes, mesmo e principalmente as primeiras, são inesgotáveis.

Uma imagem que vem à nossa mente para terminar estas cartas foi a sensação que tivemos ao presenciar um começo de verão na praia de Copacabana, no Rio de Janeiro. Travestis siliconados tomando sol ao lado de crianças, ambulantes anunciando a limonada com um *jingle* criativo, adolescentes quase fazendo amor na praia, gringos, gente bonita, gente feia, magra e gorda, jovens e velhos, todos estavam ali, como se fosse numa grande ópera, mas de verdade. Um caldeirão quente, Rio 40 graus, a praia ao lado das calçadas desenhadas pelo Burle Marx representando as águas dos rios Negro e Solimões – um grande teatro com ar de carnaval onde nem as balas perdidas que de vez em quando cruzam os ares impedem as pessoas de insistir na vida e ser felizes.

O mundo caminha para a fusão; desenvolveu-se enfim a consciência de que não adianta estarmos separados. E no Brasil temos essa longa tradição da mestiçagem, a japonesa loira de olhos verdes andando pelas ruas como um símbolo de nossa capacidade de tudo unir, e pacificamente. É tudo isso que procuramos traduzir em nosso trabalho, fiéis a nós próprios e a nosso país, eternos caipiras sem vergonha de nos mostrar como somos.

CONHEÇA TAMBÉM:

Bob Wolfenson

cartas a uma jovem

fotógrafo

ISBN: 978-85-352-2794-9
Páginas: 272

Ivo Pitanguy

cartas a uma jovem

cirurgião

ISBN: 978-85-352-2756-7
Páginas: 160

Gustavo Cerbasi

cartas a um jovem

investidor

ISBN: 978-85-352-2672-0
Páginas: 208

Bernardinho

cartas a um jovem

atleta

ISBN: 978-85-352-2071-1
Páginas: 240

Marília Pêra

cartas a uma jovem

atriz

ISBN: 978-85-352-2711-6
Páginas: 208

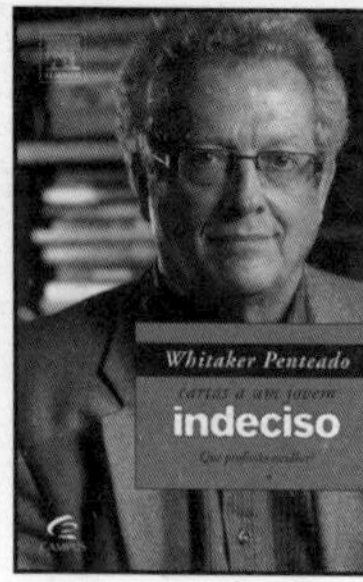

Whitaker Penteado

cartas a um jovem

indeciso

ISBN: 978-85-352-2683-6
Páginas: 200

Francisco Müssnich

cartas a um jovem

advogado

ISBN: 978-85-352-2177-0
Páginas: 208

Marcelo Gleiser

cartas a um jovem

cientista

ISBN: 978-85-352-2077-3
Páginas: 184

Alexandre Herchcovitch

cartas a um jovem

estilista

ISBN: 978-85-352-2214-2
Páginas: 142

Adib Jatene

cartas a um jovem

médico

ISBN: 978-85-352-2117-6
Páginas: 208

Idalberto Chiavenato

cartas a um jovem

administrador

ISBN: 978-85-352-2238-8
Páginas: 164

Mario Vargas Llosa

cartas a um jovem

escritor

ISBN: 978-85-352-2110-7
Páginas: 196

Fernando Henrique Cardoso

cartas a um jovem

político

ISBN: 978-85-352-1866-4
Páginas: 212

Ozires Silva

cartas a um jovem

empreendedor

ISBN: 978-85-352-1915-9
Páginas: 148

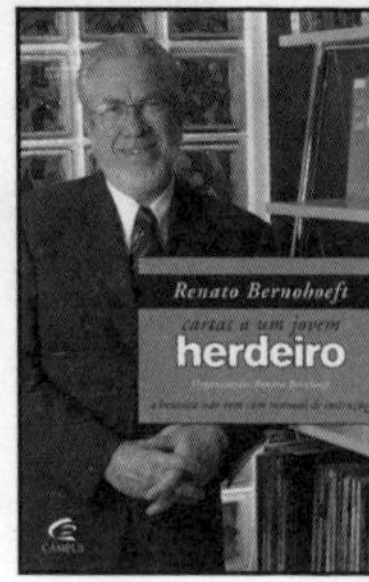

Renato Bernhoeft

cartas a um jovem

herdeiro

ISBN: 978-85-352-1578-6
Páginas: 192

Roberto Duailibi

cartas a um jovem

publicitário

ISBN: 978-85-352-1885-5
Páginas: 168

Contardo Calligaris

cartas a um jovem

terapeuta

ISBN: 978-85-352-1493-2
Páginas: 176

Laurent Suaudeau

cartas a um jovem

chef

ISBN: 978-85-325-1429-1
Páginas: 176

Sistema CTcP,
impressão e acabamento
executados no parque gráfico da
Editora Santuário
www.editorasantuario.com.br - Aparecida-SP